JN233650

基礎物理学シリーズ —— 13

清水忠雄・矢崎紘一・塚田　捷

監修

計算物理 I

夏目雄平・小川建吾

著

朝倉書店

まえがき

　計算物理学という分野が物理学のどのあたりを指すかは，実はあまりはっきりしていない．実際「計算物理学」という言葉が使われだしたのはそれほど古いことではない．日本物理学会誌に計算物理学の特集が組まれたのは1985年であり[*1]，日本物理学会の「計算物理」の講習会が開かれたのは1989年である[*2]．

　計算物理学は，少なくとも力学，電磁気学ほど対象が決まっていないし，基礎方程式が定められているわけでもない．対象や基礎方程式というよりは，むしろ方法・手段の一形態と見るべきであろう．その意味では，理論物理学，実験物理学と並べて論じるべきものである．物理学と，物理学を用いた自然の認識が，主として実験面を受け持つ実験物理学と，理論面を受け持つ理論物理学に分けられて発展してきたことはいうまでもない．それらに加えて1990年代の計算機の飛躍的な発展にともない，計算機の能力を最大限に活用した新たな方法が実験物理学，理論物理学の境界を越えて多くの分野において登場してきた．これが現在の計算物理学である．例をあげると，素粒子物理学研究の分野では，ハドロンの性質を格子ゲージ理論にもとづいて再現しようという大規模計算が行われ，宇宙物理学の分野では，実験的再現が不可能な電磁流体系の大規模数値シミュレーション，現実的な状態関数を得るための原子核物理学における大次元ハミルトニアン行列の対角化，特殊な構造をもつ多元素化合物に対する第1原理にもとづく電子状態の計算など，枚挙にいとまがない．

　2000年代を迎え，計算機を活用した研究方法が第3の方法論として確立され，物理学の世界において理論物理学，実験物理学の両者を統合し，人間の理

[*1]　特集「物性における計算物理」（日本物理学会誌，**40**-11, 1985）．
[*2]　この講習会を単行本にまとめたのが，『計算物理学』（日本物理学会編，培風館，1991）である．

解の新しい形態になりつつあるといっても過言ではない．

　こうした背景のなかで，計算をする技術を物理学的な概念の理解としっかり関係づけて見据えるものとして，計算物理学の果たすべき役割は大きくなっているのである．実際，各大学において，物理学科や応用物理学科では，基礎科目修得の段階で計算物理学の講義が開かれるようになってきた．しかし，他の基礎科目のような伝統がいまだないため，講義のテキストとしては，なかなか適当なものが見つけにくいのが実情である．

　そこで，本書をそのような計算物理学講義のテキストとして，半年の講義に対応するように執筆した．また，物理学の基礎科目を通じて物理学の全体像をとらえる訓練を受けている学生が対象であることを考え，説明の基盤が特定の専門分野に偏らないようにするため，あえて専門分野の異なる2名の著者の共同作業により，分野の境を越えて物理学教育全体のなかでの計算物理学のあるべき姿を示すことを試みた．実際，互いに単独にいくつかの章を分担するという形式にとらわれず，教育経験を踏まえて，全体を議論しながら共同作業として原稿を執筆した．

　さらに，講義のテキストという目的と同時に，自学自習の参考書としても役立つように十分に留意し，できるだけ，他の資料を調べることなく，本質の理解ができるようにした．図の表現を工夫し，式変形は省略を避けて丁寧に載せた．例えば，いくつかの図は特別に大きくし，行列形式の式は簡略化された表式を使わず，大きなスペースを割いた．そのため，図の大きさが不統一であるとか，式が多いという印象を与えるかもしれないが，読み進める際に飛躍がないため，自学自習の際は効率的であると考えている．

　本書のこれらの試みが成功しているかどうかは，読者が判断することであるが，著者の意図するところをくみ取ってこの本を読み進め，有効に使っていただければ，著者としてまことにうれしいかぎりである．

2002年2月

夏目雄平

小川建吾

目　　次

1. 物理量と次元 …………………………………………… 1
   1.1 物理学の次元 ……………………………………… 2
      1.1.1 力学世界 …………………………………… 2
      1.1.2 熱力学 ……………………………………… 3
      1.1.3 電磁気学 …………………………………… 4
   1.2 5つの基本次元 …………………………………… 5
   1.3 次元解析 …………………………………………… 6
   1.4 無次元化 …………………………………………… 7
   1.5 計算物理学と数学参考書 ………………………… 9

2. 精度と誤差 ……………………………………………… 11
   2.1 間違い ……………………………………………… 11
   2.2 誤差 ………………………………………………… 12
      2.2.1 丸め誤差 …………………………………… 12
      2.2.2 桁落ち ……………………………………… 13
      2.2.3 打ち切り誤差 ……………………………… 14
   2.3 精密化の限界 ……………………………………… 14
      2.3.1 区分求積法 ………………………………… 15
      2.3.2 単精度変数の計算 ………………………… 15
      2.3.3 倍精度変数の計算 ………………………… 16
      2.3.4 計算機の利用と誤差 ……………………… 17

3. 方程式の根 … 18
3.1 見当づけ … 18
3.2 中間値の定理にもとづく方法 … 20
3.3 ニュートン法 … 22
3.3.1 操作の手順 … 22
3.3.2 接線の評価法 … 24

4. 連立方程式 … 25
4.1 行列演算 … 26
4.2 クラメル公式の方法 … 26
4.3 消去法 … 27
4.3.1 ガウスの消去法 … 28
4.3.2 ガウス–ジョルダンの消去法 … 31
4.4 反復法 … 33

5. 行列の固有値問題の基礎 … 35
5.1 2重振子の固有振動 … 35
5.2 固有値の求め方 … 37
5.2.1 固有値方程式 … 37
5.2.2 行列の対角化 … 38
5.2.3 2次元対称行列の対角化 … 40
5.2.4 ヤコビ法 … 41
5.3 固有ベクトルの任意性 … 45
5.3.1 全体の符号 … 45
5.3.2 縮退のある場合 … 46

6. 3重対角行列とハウスホルダー法 … 47
6.1 3重対角行列の固有値 … 47
6.1.1 スツルムの定理 … 48
6.1.2 スツルムの定理による3重対角行列の固有値の求め方 … 48

	6.2	ハウスホルダー法	49
	6.2.1	第 1 行目の変換	50
	6.2.2	第 k 行目の変換	53
	6.2.3	ハウスホルダー法の手順	56

7. 微分方程式の基礎 59
  7.1 解析的に解ける場合 59
  7.2 解析的に解けない場合 60
  7.3 オ イ ラ ー 法 62
  7.4 ルンゲ–クッタ法 62
  7.5 誤 差 の 爆 発 67

8. 微分方程式の応用 69
  8.1 非線形の微分方程式の応用としての塩水振動子 69
  8.2 微分方程式を解く問題としての量子力学 72

9. 数 値 積 分 75
  9.1 数値積分の実行 75
   9.1.1 台 形 法 76
   9.1.2 シンプソン法 77
   9.1.3 刻み幅と誤差 78
  9.2 変数変換法による特異点の回避 79
  9.3 多 重 積 分 81
  9.4 物理学における数値積分 82

10. 乱 数 の 利 用 83
  10.1 乱数を利用した定積分計算 84
  10.2 現実世界を説明するための物理的なモデル 84
   10.2.1 酔歩の問題 85
   10.2.2 熱平衡分布の系のモンテカルロシミュレーション 86

10.2.3　メトロポリス法のアルゴリズム ･････････････････････ 87
　10.3　メトロポリス法を利用したシミュレーション ･･･････････････ 88
　10.4　計　算　の　加　速 ･･････････････････････････････････････ 91

11. 最小 2 乗法とデータ処理 ････････････････････････････････････ 93
　11.1　平均値と誤差 ･･ 93
　11.2　最　小　2　乗　法 ･････････････････････････････････････ 94
　11.3　線形モデルの最小 2 乗法 ････････････････････････････････ 95
　11.4　非線形モデルでの最小 2 乗法 ････････････････････････････ 97

12. フーリエ変換の基礎 ･･････････････････････････････････････ 101
　12.1　フーリエ級数展開とフーリエ積分変換 ････････････････････ 101
　12.2　三角関数で展開する理由 ･･･････････････････････････････ 103
　12.3　計算物理としてのフーリエ積分変換 ･････････････････････ 104
　　12.3.1　離散的フーリエ変換 ････････････････････････････ 104
　　12.3.2　アライアシング問題 ････････････････････････････ 106
　　12.3.3　有限区間効果問題 ･･････････････････････････････ 107
　12.4　塩水振動子のフーリエ変換 ･････････････････････････････ 107

13. フーリエ変換の高速化 ･･･････････････････････････････････ 109
　13.1　高速フーリエ変換の原理 ･･･････････････････････････････ 109
　13.2　$N=8$ の場合の具体的表示 ･････････････････････････････ 112
　13.3　高速フーリエ変換の背景 ･･･････････････････････････････ 115

14. 多粒子運動系の動力学シミュレーション ･･･････････････････ 116
　14.1　ニュートンの運動方程式 ･･･････････････････････････････ 116
　14.2　膨大な数値情報の整理 ･････････････････････････････････ 118
　14.3　イオンダイナミクス ･･･････････････････････････････････ 121
　　14.3.1　グラファイト表面上のイオンの運動 ･･････････････ 121
　　14.3.2　シミュレーション計算の結果 ････････････････････ 122

問題の略解 ……………………………………………… 127
あとがき ………………………………………………… 137

参考文献 ………………………………………………… 141
索　　引 ………………………………………………… 145

1 物理量と次元

物理学ではあらゆる量が次元 (dimension) をもっている．物理学で扱う量のことを物理量といい，数値と次元を表す単位でできている．物理学の法則とは，その次元をもった物理量の間の関係を示したものである．たとえば，力学で習う，ニュートン (Newton) の運動方程式

$$\boldsymbol{F} = m \cdot \boldsymbol{\alpha}$$

は左辺の力 $\boldsymbol{F}$ という物理量が右辺で表記されたもの，すなわち質量 m という物理量と加速度 $\boldsymbol{\alpha}$ という物理量の積で表現できる関係を与えている[1][*1]．

この場合，無次元 (dimensionless) という量も当然大切な性質をもつ量である．考えてみれば，角度という量は円において弦に対する弧 (半径) の比であり，長さを長さで割ったものなので無次元量である．立体角も球の表面積に対する「半径の 2 乗」の比で，面積を面積で割ったものなので無次元量である．力学の例でいうと，衝突における跳ね返り定数も衝突後の相対的速さに対する衝突前の相対的な速さの比であり，無次元量である．それゆえに衝突という現象における大切な性質を表している．

以上の議論からわかるように，物理量を用いて方程式を記すとき，必ずその左辺と右辺は同じ次元となっていなければならない．また，方程式に対して積あるいは商の変形をしていくと次元はどんどん変わっていくが，どの時点でも左辺と右辺の次元は同じに保たれていなければならない．このことは，逆に式変形が正しく行われているかを確認する手段にもなる[*2]．

[*1] この式は力を定義しているのか加速度を定義しているのか，という議論もあるが，実はそのどちらでもない．これら 2 つの物理量の関係を示しているだけである．

[*2] ただし，必要条件にすぎない．次元があっていても式変形が間違っていることはある．

1.1 物理学の次元

次元を表す基本量を物理学の各分野に則して考えよう．ここでは，いくつかの定評ある物理学全体の解説書[1~4]の方法にそって次元の解説を行う．

1.1.1 力 学 世 界

力学世界 (Mechanics) での次元は[*3)]時間 t，長さ ℓ，質量 m である．実際，力学量の次元は必ず

$$t^x \ell^y m^z$$

で表される．たとえば，エネルギー E は $x = -2$, $y = 2$, $z = 1$ であるとし，これを，{ } を用いて

$$\{E\} = t^{-2} \ell^2 m^1$$

と記すことにする．これは次元式とよばれることがある[1)]．たとえば，図 1.1 のような t, ℓ, m の仮想的な 3 次元空間では，$\{E\}$ は $(-2, 2, 1)$ の点を意味する．

問題 1.1 圧力の次元を調べ，図 1.1 に記入せよ．また，単位体積中のエネルギー，すなわちエネルギー密度の次元を調べよ．

しかし，時間 t，長さ ℓ，質量 m を基本量にしなければならないという理由は，我々の実感という習慣以上には特にないといえる．

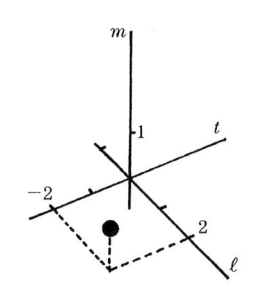

図 1.1 t, ℓ, m の仮想的な 3 次元空間

[*3)] この場合非相対論的古典力学だけでなく，相対論的力学，量子力学を含む．

もっと普遍的にこれらからなる定数を3つ決めてもかまわない．よく用いるのは光速 c，万有引力定数 G，プランク定数 h であり，我々の宇宙の基本量といえる．それぞれ，次元は

$$\{c\} = t^{-1}\ell^1 m^0 \tag{1.1}$$
$$\{G\} = t^{-2}\ell^3 m^{-1} \tag{1.2}$$
$$\{h\} = t^{-1}\ell^2 m^1 \tag{1.3}$$

である．だから，基本量としては，時間 t，長さ ℓ，質量 m ではなく，c, G, h でもよいのである．この場合，時間 t は

$$\{t\} = c^{-5/2} G^{1/2} h^{1/2}$$

と表される量である．図 1.2 のような仮想的 (c, G, h) 空間では，時間 t は $(-5/2, 1/2, 1/2)$ という点である．

問題 1.2 長さ ℓ，質量 m を c, G, h で表し，図 1.2 に記入せよ．

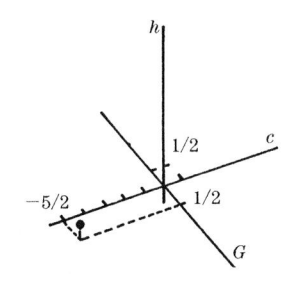

図 1.2 c, G, h の仮想的な3次元空間

1.1.2 熱力学

熱力学では，ここに温度 θ が加わる．ただし，熱量自体はエネルギーと同じものなので，エネルギーの次元 $\{E\} = t^{-2}\ell^2 m^1$ で表せる．カロリー [cal] という熱量固有の単位は歴史的な便宜にすぎない．新たに温度 θ という基本量が必要なのは熱容量，比熱，熱伝導率，熱膨張係数など「単位温度あたり」の量

を表すためである[5]．実際，熱容量 A_h の次元は

$$\{A_h\} = t^{-2}\ell^2 m^1 \theta^{-1}$$

となる．温度 θ とは別に基本量を定数として導入するならば，ボルツマン定数 k_B が適当である．その次元は熱容量 A_h の次元と同じく

$$\{k_\text{B}\} = t^{-2}\ell^2 m^1 \theta^{-1}$$

である．

問題 1.3 熱伝導率の次元を t, ℓ, m, θ で表せ．

ボルツマン定数 k_B の次元を見ると，ここへ温度をかけるとエネルギーとなることがわかる．このことは，力学エネルギーに比例する量として熱的エネルギーという概念を導入したともいえる．実際，熱力学，統計物理学では，温度 θ と k_B をかけて，エネルギーの次元をもたせ，さらにそれを逆数にした β が基本量としてよく使われる．

また，熱力学，統計物理学において最も重要な物理量であるエントロピーがボルツマン定数 k_B と同じ次元をもっている．この概念はミクロな基本粒子の力学系には決して現れないものである．温度という物理量同様，エントロピーも本質的にマクロな概念なのである．

1.1.3 電磁気学

電磁気学では，前述の4つに加えてさらに1つ基本量が必要であり，通常，電荷量，あるいは電流量が用いられる (これを I とする)．真空の誘電率 ϵ_0 を1にとるのが静電単位である．電磁誘導という現象から電気と磁気は関係した量なので，真空の透磁率 μ_0 を1とすることも可能である．これは電磁単位 (通常 CGS 電磁単位) である．もっとも，標準的な電磁気学で習うように，現在の標準的単位系である SI(MKSA) 単位系では電流を基本としている[5]．実際，SI(MKSA) 単位系では，電流 1A とは，真空中に 1m の間隔で平行におかれた無限に小さい円形断面積を有する無限に長い2本の直線状導体のそれぞれを流れ，これらの導体の長さ 1m ごとに 2×10^{-7} N の力を及ぼしあう一定の電流

と定義されている.たとえば,誘電率 ϵ の次元は SI(MKSA) 単位系では,

$$\{\epsilon\} = t^4 \ell^{-3} m^{-1} I^2$$

であり,透磁率 μ は

$$\{\mu\} = t^{-2} \ell^1 m^1 I^{-2}$$

である.しかしながら,電流よりも電荷の絶対値 e の方がより基本的で自然ではないだろうか.そこで,SI(MKSA) 単位系の議論においても,電流 1A によって 1 秒間に運ばれる電荷量にクーロン [C] という単位を与えて

$$\{e\} = I^1 t^1$$

を定義し,あたかもこれが基本単位であるかのように論じられている例もある.実際,1.3 節で述べる次元解析には電子の電荷の絶対値 ($e = 1.6 \times 10^{-19}$ [C]) が,見通しのよい議論を与えることが多い.このクーロンの次元は ϵ_0 を使って,つまり静電単位によって表すと,

$$\{e\} = t^{-1} \ell^{3/2} m^{1/2} \theta^0 \epsilon_0^{1/2}$$

である.また,クーロンの次元を μ_0 を使って電磁単位で表すと,

$$\{e\} = t^0 \ell^{1/2} m^{1/2} \theta^0 \mu_0^{-1/2}$$

となる.ここで θ^0 に注意してほしい.電磁気学は熱力学とは別の世界なのである.電磁気学における単位系間の換算は数値としては大変複雑であるが[*4],次元としては,力学系の次元に新たに 1 つつけ加わるだけの話なのである[2,3]*[5].

1.2 5つの基本次元

以上のように,5 つの基本量により,力学,熱力学,電磁気学のすべてを含む,あらゆる物理量が記述される.その 5 つはたとえば

[*4] 動機としてはわかりやすい統一的な単位系を目指しているのであるが,学ぶ人に複雑であるという印象を与えてしまっていることは否めない.
[*5] 単位系間の換算に追われて,物理現象の本質を見失わないようにしてほしい.

$$t^x \ell^y m^z \theta^u \epsilon_0^v$$

である．力学とは $u = v = 0$ の世界であるし，熱力学は $v = 0$ の世界である．電磁気学は $u = 0$ の世界となっている．5つの基本量は他にもとり方がある．

$$t^x \ell^y m^z \theta^u e^v$$

でもよく

$$t^x \ell^y m^z k_B^u I^v$$

でもかまわないわけである．

1.3　次　元　解　析

　以上により，次元を考えると (あるいは，次元だけを考えてもというべきか) 現象の特徴的な量が表されることになる．これを次元解析という．もちろん，大きさを表す数，係数の任意性は残るが，概念の理解にはきわめて大切であり，大きな間違いをしていないかどうかを確認するうえで，結構実用性のある解析法である．

　例として，流体力学をあげよう．流体の流れづらさを示す量として粘性率 η の定義を述べよう．管を流れる流体は粘性によって，中心から縁へ向かって速度勾配が現れ，これが流線に沿っての接線応力を作っている．この接線応力 f は，流線に垂直な速度勾配 dv/dy に比例するが，その比例定数を流線に沿った面積 S で割ったものが粘性率 η である．すなわち

$$f = \eta S \frac{dv}{dy} \tag{1.4}$$

となる．この粘性率 η 次元は

$$\eta = \frac{f}{S(dv/dy)} \tag{1.5}$$

により，$t^{-1}\ell^{-1}m^1$ である．他方，流体を特徴づける量として流れの速さ v の他に，流体の密度 ρ と物体の特徴的な寸法 d という量が考えられる (d は円

管を通る流れでは半径となる).この3つの積 $v\rho d$ の次元は $t^{-1}\ell^{-1}m^1$ となるが,3つの積 $v\rho d$ を粘性率 η で割った比は無次元量になる.これがレイノルズ (Reynolds) 数 Re といわれている量

$$Re = \frac{v\rho d}{\eta} \tag{1.6}$$

である.無次元量は前節で述べたように,同じ物理量の比として容易に作れるが,この例のようにいくつかの異なった物理量の組合せで構成される場合は特に重要である.単位系によらない普遍式であり,その数自体が系の表す性質と直接結びついているからである.レイノルズ数も流体力学においてきわめて重要なものである.流体力学においては,レイノルズ数が同じであれば幾何学的に相似な2つの物体のまわりの流れの場全体が力学的に同じになることが,特に重要である.

問題 1.4 流体中を半径 d の球体が動く場合その抵抗力 f を次元解析により,粘性率 η と速さ v で表記せよ.

1.4 無 次 元 化

物理量は必ず次元をもっているが,すべての量を何か基準になる量で割り,それとの比という無次元量にすることはよく行われる.これは,数値計算においてもよく使われる方法である.ただし,計算結果を表示する段階では無次元化したままにしておくべきか,適当な単位を与えた次元をもつ量とすべきかを表現の方法として検討すべきことはもちろんである.

無次元化の基準になる量は何らかの典型的な点,あるいは標準的な点がよい.

ここでは,例としてファン・デル・ワールス方程式を無次元化してみよう.

1 mol の気体があり,圧力 p,体積 v,絶対温度 T の場合,その状態方程式は

$$(p + av^{-2})(v - b) = RT \tag{1.7}$$

となる.ここで,R は気体定数である.この気体はファン・デル・ワールス気体といわれており,よく知られている理想気体はこの式で $a = b = 0$ とおいた

ものに他ならない．式 (1.7) を p について解くと

$$p = \frac{RT}{v-b} - \frac{a}{v^2} \tag{1.8}$$

となる．ファン・デル・ワールス気体は，十分大きな T に対して，理想気体と同じように体積に対する圧力の勾配 dp/dv は常に負である．しかしながら，小さな T に対しては，dp/dv が 2 つの点で 0 となる．すなわち，ある境目の温度 T_c において $dp/dv = 0$ の 2 つの 0 点が一致する．そこでは d^2p/dv^2 も 0 となる．この温度 T_c は臨界温度とよばれる．当然，そこでの圧力と体積も一点に決まり，それぞれ臨界圧力 p_c，臨界体積 v_c とよばれている．この点，$(T = T_c, p = p_c, v = v_c)$ を臨界点 (critical point) という．これは，当然，もとのファン・デル・ワールス状態方程式 (1.8) と $dp/dv = 0$, $d^2p/dv^2 = 0$ から決められる．

問題 1.5 ファン・デル・ワールス気体の T_c, p_c, v_c がそれぞれ，$(8/27)\{a/(Rb)\}$, $(1/27)(a/b^2)$, $3b$ となることを示せ．これは状態方程式 (1.8) と $dp/dv = 0$, $d^2p/dv^2 = 0$ の 3 つの方程式から 3 つの未知数を求める問題である．

問題で得られた臨界点の値 $T = T_c$, $p = p_c$, $v = v_c$ を単位としてファン・デル・ワールス状態方程式を無次元化してみよう．すなわち，

$$T^* = \frac{T}{T_c}, \qquad p^* = \frac{p}{p_c}, \qquad v^* = \frac{v}{v_c} \tag{1.9}$$

なる T^*, p^*, v^* で式 (1.7) を書き換えるわけである．

問題 1.6 上記の書き換えにより無次元化されたファン・デル・ワールス状態方程式が

$$\left\{p^* + \frac{3}{(v^*)^2}\right\}\left(v^* - \frac{1}{3}\right) = \frac{8}{3}T^* \tag{1.10}$$

となることを示せ．

無次元化した単位でのファン・デル・ワールス状態方程式の圧力，体積，温度の関係を立体的な表示で図 1.3 に示す．この無次元化した量で圧力，体積，温度のすべてが 1 になる点が臨界点である．

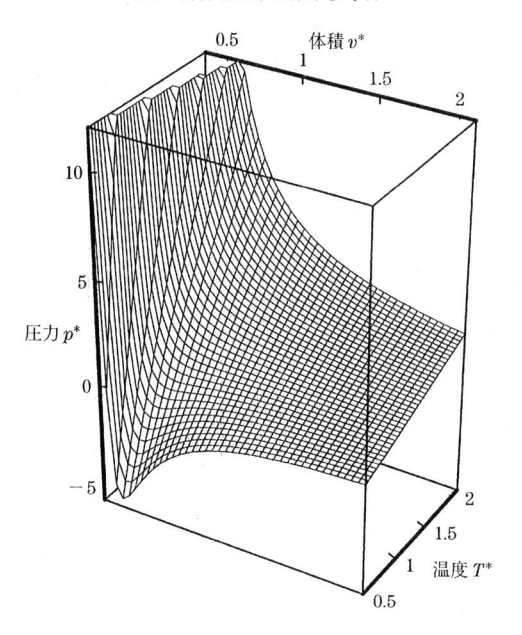

図 1.3 圧力,体積,温度を無次元量で表記したファン・デル・ワールス状態方程式

1.5 計算物理学と数学参考書

 さて,本章の次元の話に続いて,次章から計算物理学のひとつひとつの項目の説明にはいるので,ここで数学の役割に触れ,数学の参考書の紹介をしておこう.

 物理学における数学そのものの大きな役割については,本シリーズの『物理数学』を参照していただきたい.ここでは,純粋に数学的と思われていることがらでさえ,計算の問題,計算機の問題と密接にかかわっていることを指摘するにとどめ[*6],以下は,物理学を学ぶうえでの著名な参考書をあげておこう.まず,数学全体についての名著としてあとがき参考文献に載せてある,[高木貞治 (1961)][6]をあげよう.たった1冊をあげろといわれたらやはり,これであ

[*6] たとえば超関数であるデルタ関数を数値的にどう表現するかという問題について本シリーズの『計算物理 II』に論じてある.

る．また，物理数学シリーズでは，これまた不朽の名著 Courant と Hilbert の
シリーズ [R. Courant and D. Hilbert, 斉藤利弥監訳 (1962)][7] を推奨する．
セミナーなどでじっくり読み通すとすばらしい．せめて 2 巻 5 章「数理物理学
における振動の問題と固有値問題」だけでも読まれることをすすめる．数学公
式集も紹介しておこう．研究室必須は [岩波数学公式 (1987 新装)][8] や，[大槻
義彦訳 (1983)][9] であろう．個人で購入して，折にふれ何がどこに書いてある
かおさえておくことをすすめたい．さてこういった正統的なものとは別に個性
的な名著にもふれるべきだろう．著者 (Y.N.) は高橋秀俊の物理学汎論の講義を
聴いた最後の年代であるので，それをまとめた [高橋秀俊, 藤村　靖 (1990)][4]
をすすめたい[*7]．これの延長線上に [高橋利衛 (1976)] [10] がある．内容的には
学部 3, 4 年向けで程度が高い．学部 1, 2 年向けに書かれた，個性的な良著とし
て話題の [長沼伸一郎 (1988)][11]，[高橋　康 (1992), (1993)][12] をあげる．これ
らを読めばそれぞれの本に熱心なファンがいる理由がわかるであろう．

[*7] 本書全体を通じ，敬称は略されている．

2 精度と誤差

計算を効率よく行うことは重要なことであり，計算時間短縮のために多くの努力がなされている．しかし，その際でも決して失ってはならないのが計算の信頼性である．このような観点から，まず計算におけるエラー，誤差というものを考えてみよう．

2.1 間　違　い

さて最初にはっきりさせておくべきことは，そもそも，我々はどのような量をどの程度の精度で得たいのであろうか，ということである．エラーの問題，誤差論はそのような観点からこそ議論すべきであろう．

ところで，英語の "error" という言葉は「誤差」よりももちろん広い意味である．ここでは，間違いという言葉を使おう．もちろん間違いは避けなければならない．といっても，はっきり間違いとわかるのは，ここではあまり深刻に問題にすることではない．誰でもすぐに間違いと気づくからである．問題は一見正しそうに見える間違いである．

たとえば，ある物理量を計算したところ，非常に小さいが有限の値が出力されたとしよう．このとき得られた数値がそのままで意味のある値なのかは慎重に判断すべき問題である．もしかしたら計算の前提にした理論の枠組み上，本来は厳密に 0 になるべき値なのに，後述する計算過程における誤差により有限な値になってしまった，ということもありうるからである．

また別の例として，行列の固有値問題において，きわめて接近した 2 つの固有値に対する固有ベクトルの問題がある．ほぼ縮退した場合の 2 つの固有ベクトルがいわば偶然によって決まってしまうこともあり，解釈には注意が必要で

ある．これについては 5.3 節を参照してほしい．

このようなことを考えると，既製のライブラリーやアプリケーションソフトを使うときは要注意である．

逆に，既製のライブラリーやアプリケーションソフトの説明書にそのような注意点がはっきり書いているかどうかで，その製品が良心的かどうかがわかるともいえる．ともかくも，出てきた結果の緻密な検討と慎重な確認は，既製のライブラリー，アプリケーションソフトの定評がどうかとは関係なく，絶対に必要であることはいうまでもない．その検討と確認には物理学の諸分野の深い知識も必要なのである．

2.2 誤　　差

さて，次に（間違いではない）誤差の問題である．これは，上で述べた知りたい量のどのような側面を知りたいかという問題と切り離せない．単に大きさの桁 (order) を知りたい場合もあるし，7 桁以上の高精度で知りたい場合もある．要求に応じた適切な結果を得るためにも，まず計算途上で遭遇するいろいろな誤差について調べてみよう．

2.2.1 丸め誤差

数値を四捨五入したり切り捨てたりするために発生する最後の桁に現れる誤差を丸め誤差という．

計算機に数値を 2 進数として記憶させる場合，1 つの数値に対して決められたビット数が割り当てられている．多くの計算機では単精度変数に 32 ビットを割り当てている[*1]．すなわち，数値 a を，浮動小数点表示を採用して，

$$a = \pm M \times 2^e$$

のように仮数部 M と指数部 e，それに全体の正負の符号の 3 つの要素に分解して合計 32 ビットで記憶させている．

例を示そう．10 進数の数値 12.5（$(12.5)_{10}$ と書こう）を記憶させる場合，

[*1] 計算機の仕組みについては，例えば『コンピュータ工学』(平澤茂一，培風館，2001) に詳しい説明がある．

$$(12.5)_{10} = (1100.1)_2 = (0.11001)_2 \times 2^4$$

であることから次のような32ビット表示になる．

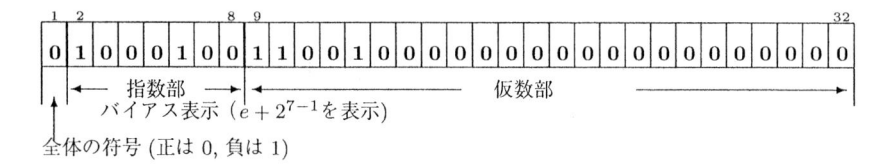

```
|0|1|0|0|0|1|0|0|1|1|0|0|1|0|0|0|0|0|0|0|0|0|0|0|0|0|0|0|0|0|0|0|
```
位置：1 2 ... 8 9 ... 32
←— 指数部 —→ ←————— 仮数部 —————→
バイアス表示 ($e + 2^{7-1}$ を表示)
全体の符号 (正は 0, 負は 1)

このように仮数部のビット数に制限があるため，たとえば $(0.1)_{10}$ のような数値を正確に記憶することはできず，最後のビットは四捨五入したり，切り捨てたりせざるをえない．このように発生する誤差が丸め誤差である．上記のように仮数部に24ビットを当てると精度は10進数で7.2桁である．ここで，単精度変数の2倍の精度で扱う変数を倍精度変数というが，これを宣言したときは仮数部は32ビット増え56ビットになるので精度は16.8桁になる．これら桁数は，我々がふつうほしい精度をかなり上回っているように思える．しかし，計算の規模が拡大し，繰り返し回数が増加するのにともない，この丸め誤差がどんどん成長する場合があるので注意が必要である．

2.2.2 桁落ち

有効数字をいくらたくさんとっても，きわめて近い2つの数値の差を計算すると，その結果の精度は極度に小さくなる．これを桁落ちという．このため倍精度変数やさらにその2倍の精度である4倍精度変数として，仮数部にそれぞれ32ビット，96ビットを追加したりして扱う必要も生じる．またこのようなことが起きないようにアルゴリズムを工夫することも大切である[*2]．たとえば次のような2式を考えてみよう．

$$\frac{1}{\sqrt{a+b}-\sqrt{a}}, \quad \frac{\sqrt{a+b}+\sqrt{a}}{b}$$

$a, b > 0$ のときこの2つの分数式が等しい式であることは明らかである．ところが計算機を用いた数値計算では $a \gg b$ のとき（たとえば $a = 1.000 \times 10^4$,

---

[*2] ここでアルゴリズムとは計算機への計算手順命令であるプログラムの構成方法全般のことをいう．

$b = 1.000 \times 10^{-4}$ の場合など), どちらの式で計算するかで結果が異なることがある.

問題 2.1 上であげた例について, 実際にプログラムを作り, 2式の違いを確かめてみよ.

2.2.3 打ち切り誤差

平方根, 円周率などの無理数を数値で表すとき (3.14 とか, 3.1416 とか) など, 必ず途中で打ち切るので, 誤差が発生する. それが最終的に必要とする桁よりはるかに小さな値であっても, 計算の繰り返しによって丸め誤差が加わり, その影響を増大させてしまう. どの程度の桁数の入力が必要か, あらかじめ注意深く調べる必要がある.

例として電卓で2の平方根を求める計算をしてみよう. 筆者の手元にある電卓では20回平方根を求める操作を繰り返すと, 1.00000066 となった. それを今度は20回2乗の操作をすると 1.997780814 となった. 相対誤差 (誤差/正しい値) が 0.001 となっている. ところが25回ずつの操作では 1.89177747 で相対誤差 0.06 になる. そして, なんと2の平方根を29回繰り返したら, 突然ただの1となり, これではあといくら2乗操作をしても1のままである. これは, 打ち切り誤差と丸め誤差が重なり合って作り出したものである. もちろん計算機といえども同じである.

問題 2.2 上に示した例を計算機で行うため, 代入文 $x = \sqrt{x}$ を n 回繰り返したあと, 代入文 $x = x * x$ を n 回繰り返すプログラムを作成し, x の初期値にどの程度の精度で一致するかを n を変えながら調べてみよ.

2.3 精密化の限界

次に, より精密に計算したためにかえって解との一致が悪くなる例を示そう. 定積分

$$S = \int_1^2 \frac{1}{x^2} dx \tag{2.1}$$

を考えよう．もちろん正解は $S = 1/2$ であるが，この計算を公式を用いずにあえて計算機を用いて数値的に求めてみよう．

2.3.1 区分求積法

このような数値積分に関しては9章で詳しく解説しているが，ここでは最も単純な区分求積法により計算することにする．この定積分は $y = 1/x^2$, x 軸, $x = 1$, $x = 2$ の合計4つの線で囲まれる部分の面積を求めることに相当するが，区分求積法では，$x = 1$ と $x = 2$ を n 等分し，各ブロックを長方形とみなして面積の近似計算を行う方法である．長方形は全部で N 個で，横幅(横の辺の長さ)はすべて h である．縦の辺の長さは左から $f(x_0), f(x_1), f(x_2), \cdots, f(x_{n-1})$ である．

すなわち一般に定積分を次式のように近似することである．

$$\int_a^b f(x)dx \fallingdotseq \{f(x_0) + f(x_1) + \cdots + f(x_{n-1})\}h \qquad (2.2)$$

ここで

$$h = \frac{b-a}{n} \quad (a < b), \qquad x_i = a + h \times i \quad (i = 0.1, \cdots, n-1)$$

分割数(長方形の数) n として，どんな値が適当であろうか．上の式のみから判断すれば，n は大きいほど(したがって h が小さいほど)よい近似になると考えられる．

2.3.2 単精度変数の計算

そこで，実際に式 (2.1) であげた $f(x) = 1/x^2$ の場合についての定積分から区分求積法によって得られる次の式

$$I = \sum_{i=0}^{n-1} \frac{1}{(1 + h \times i)^2} h, \qquad \left(h = \frac{1}{n}\right) \qquad (2.3)$$

にもとづいたプログラムを作り，いろいろな n の値について計算を行ってみた．このプログラムでは実数型変数をすべて単精度変数として宣言してある．実行結果を以下に示す．

n の値を大きくするにしたがい，いったんは計算値は 0.500000 に近づいて

n	数値積分値	0.5 との差
100	0.5037645	0.0037645
1000	0.5003752	0.0003752
10000	0.5000374	0.0000374
100000	0.5000029	0.0000029
1000000	0.5001447	0.0001447
10000000	0.4973745	−0.0026255

いくが，$n = 100000$ を越えると，かえって計算値が悪くなることが示されている．いったいどのような理由からであろうか．これは，すでに述べたように，計算機が記憶できる実数の有効桁数に厳しい制限があることの反映である．精密にしたつもりが丸め誤差の蓄積のため，かえって正解からずれてしまうことが起こるのである．このように計算機の性能やプログラムの前提条件を無視した使い方をすると，誤った結論を導く危険性がある．

それでは $\int_1^2 \frac{1}{x^2} dx = 0.4973745$ などの誤った結論を出さないようにするにはどうしたらよいか考えてみよう．1つの方法は，上記のようにいろいろな n の値を仮定して計算し，答えの収束状況から異常が発生していないかどうかを調べることであろう．そうすれば上記の計算において $n = 1000000$ などとするのは作成プログラムにとっては仕様外の使用であることに気づくであろう．

2.3.3 倍精度変数の計算

そのほかの解決策としては，実数型変数を2倍精度変数にし，有効桁数を10桁近く増して計算を行うことである．先ほどの定積分に用いたプログラムにおいて，実数変数を2倍精度変数に変更したものを用いた計算結果を以下に示す．

n	数値積分値	0.5 との差
100	0.503764583	0.003764583
1000	0.500375146	0.000375146
10000	0.500037501	0.000037501
100000	0.500003750	0.000003750
1000000	0.500000375	0.000000375
10000000	0.500000038	0.000000038
100000000	0.500000004	0.000000004

この場合は $n=10^7$ や 10^8 とした場合でも期待どおりの計算をしてくれているようである．しかし変数を単精度から2倍精度に変えると，正確さと引き換えに計算時間が増加するというデメリットが生じることは覚悟しなければならない．

そこで「なるべく小さな n で正しい結果を得る方法はないだろうか」という質問が生まれる．このような要請に応えるために9章で詳しく述べる数値積分法をはじめ，いろいろな数値計算法が研究されているのである．

2.3.4 計算機の利用と誤差

計算機によって計算されたものでも，深刻な問題はたくさんある．いままでにもいくつか例をあげたが，他にもすぐにあげられる．たとえば微係数の数値計算では，差を与える刻み（分母）を小さくして精度を上げようとするとき，分子の計算がきわめて近い大きな2つの数値の差となるので，桁落ちには特に注意が必要である．

例をあげる．固体物理学では結晶の電子的エネルギーの計算では，とかく大きな数 (リュードベリエネルギーぐらい，すなわち 10 eV 程度) の差の計算 (結果として 10 K 程度，0.001 eV) を問題にする計算研究が多い．特に，いろいろな結晶系間の間のエネルギーの差異を問題にするような際は慎重な配慮が必要である．この章のみならず，繰り返し述べることになるが，既製のアプリケーションソフトを使うのは大変便利で，その有効な活用をすすめたいが，その結果のみを鵜呑みにすると，とんでもないことになるということも指摘しておきたい[*3)]．

[*3)] 既製のアプリケーションソフトで研究を進めている場合，誤差・精度の評価があまりに複雑で行き詰まり，結局すべてを知り尽くしている自作のプログラムのほうが，全体として効率がよかったということも多い．また，同じ理由で，既製のアプリケーションソフトの能力を拡張することはかなり難しい課題であり，自作のプログラムのほうが拡張しやすいというのも一般的な経験則である．

3 方程式の根

 物理学において対象とする方程式の根が解析的に求まること,すなわち解析的厳密解の意義は大変重要で,値を知りたい際に,精度よく値が求まること以上の意義がある.それを物理的描像の基礎(根幹)として,人間はその方程式の背後にある自然のもつ論理への理解を進めてきたともいえる.

 しかし,残念なことに,多くの場合解析解は求まらず,我々は数値解に頼ることになる.本章では,対象とする方程式に対して,まず何をすべきかを論じ,次にその方程式の根[*1]を求める方法として,素朴な中間値の定理の方法(反復法,挟み込みの方法ともいう)と高速なニュートン法の比較をして,それらの短所と長所を論じる.

3.1 見当づけ

 方程式が与えられたとき,その根(解)がどのあたりにあるか,もしそれが複数ならば,どのあたりの解がほしいのか,まず見当をつけなければならない.

 きわめて簡単な例から考えよう.2の3乗根を求めるため,

$$x^3 - 2 = 0 \tag{3.1}$$

を解くことにする.この解が1つだけで,それが1と2の間にあることは明らかである.しかもこの関数は単調増加である.前もってこれだけの知識があれば十分である.

 次に,もっと複雑な方程式を例にあげよう.

$$x \sin x = \log x \tag{3.2}$$

[*1] ここで扱うのは非線形方程式である.線形方程式についてはここでは論じない.

3.1 見当づけ

　この解を求めたいという場合，まずは式の両辺の関数を描いてみることをすすめる．図 3.1 にそれを示す．解はたくさんあり，一番小さいのが 3 あたり，その次は 7 の近くである．その後，9, 13, 16, 19, 22, 25, ⋯ のあたりにあることがわかる．もし，一番小さな解がほしいのなら，3 の近くをさらに詳しく調べる必要がある．それを行ったのが，図 3.2 である．解は 2.5 と 2.9 の間にありそうである．少なくともこのくらいの見当をつけてから，解を求める計算を始めるべきである．もちろん方程式としては

$$x \sin x - \log x = 0 \tag{3.3}$$

を解くとしても同じである．この式の左辺を描いたものとして図 3.3，その 3 付近の拡大図として図 3.4 を載せておく．

　ここまでの準備で解を調べ始めるのに適当な区間 a から b までを決められたとしよう．そこで，次の解を数値的に求める方法論に入ろう．

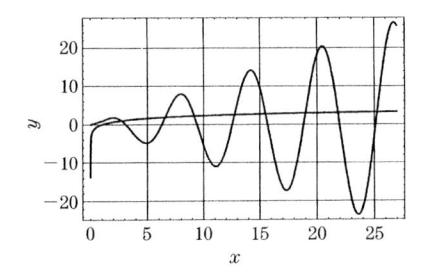

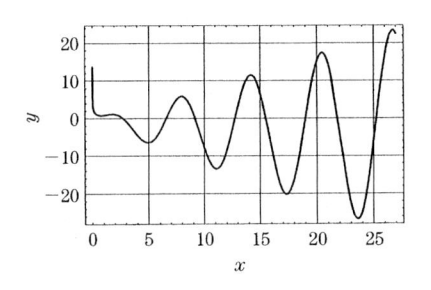

図 3.1　$y = x \sin x$ と $y = \log x$ のグラフ

図 3.2　$y = x \sin x$ と $y = \log x$ のグラフ ($x = 1 \sim 4$ までを拡大)

図 3.3　$y = x \sin x - \log x$ のグラフ

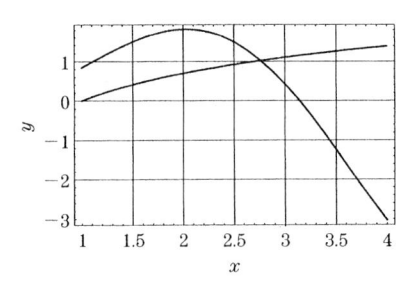

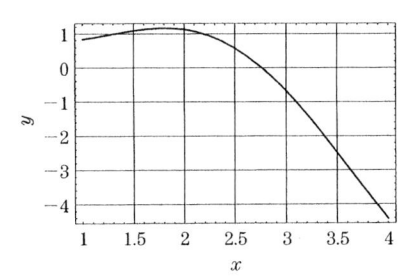

図 3.4　$y = x \sin x - \log x$ のグラフ ($x = 1 \sim 4$ までを拡大)

3.2 中間値の定理にもとづく方法

方程式 $f(x) = 0$ の解とは曲線 $f(x)$ と x 軸の交点を求めることである．関数が増加関数としよう．最も素朴には中間値の定理を用いて，図 3.5 のように $f(x)$ の値が負の値を与える x_p と正の値を与える x_q を見つける．$p < q$ である．それらの中点の x_m の値での $f(x_m)$ を求めて，それが負なら x_m を新たな x_p とする．それが正なら x_m を新たな x_q として同じ操作を繰り返す方法である．これは $f(x) = 0$ を与える x の値を，x の領域を挟み込んで追いかけようというものである．ただし，この方法で「解を得た」というには，その収束判定が必要である．そこで，ほしい精度を考え，収束判定定数 ϵ を決めておく必要がある．実際のプログラムでは，反復回数も調べられるようにしておくべきである．そして，最大反復回数を与えて，もしそれを越える回数の計算にいこうとしたら，計算を止めるようにしておこう．そうしないと，何かの異常で無限に続くループに入り込んだら大変なことになる．

さてこの方針を操作手順，計算手順として，まとめると次のようになる．x の添え字 p, q を L, R とする．関数が増加関数の場合も減少関数の場合も使えるように考えてみよう．

① $x_L^0 = a$, $x_R^0 = b$ とおく．当然，$f(x_L^0)f(x_R^0) < 0$ である．
② x_m^{j+1} を $(x_L^j + x_R^j)/2$ にとる (初めは $j = 0$).
③ もし，$f(x_M^{j+1})f(x_L^j) < 0$ ならば，$x_L^{j+1} = x_L^j$, $x_R^{j+1} = x_m^j$ とする．
④ もし，$f(x_M^{j+1})f(x_L^j) > 0$ ならば，$x_L^{j+1} = x_m^j$, $x_R^{j+1} = x_R^j$ とする．

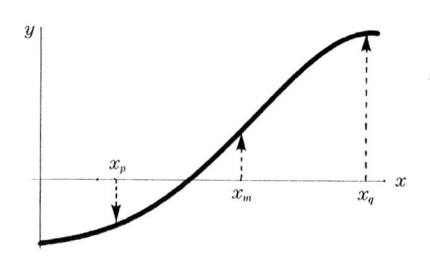

図 3.5 中間値の定理にもとづく方法 (1)

⑤ 得られている $f(x_M^{j+1})$ がほしい精度の ϵ に比べて小さい場合は計算を終了する．

⑥ もし，⑤ が満たされていない場合は，繰り返し数 j が最大繰り返し数 $N_{\max}$ より大きいときは終了する．そうでないときは ② へ戻る．当然 j の値は 1 つ増える．

ここから，ある言語に従ってプログラムを作ることはその文法を知っている人にとっては難しいことではない．

問題 3.1　上記の手順に従ってプログラムを作れ．

中間値の定理にもとづけば，領域が 2 等分されていくが，2 等分に限ることはなく，適当に Q 等分して，両側で f の符号の変わるところを抜き出していってもよい．一般には，Q は 4 程度が能率がよいといわれている．

この方法の変形として，方程式を $f(x) - x = 0$ の形にして $f(x)$ と x の間を x 軸に平行な線分と y 軸に平行な線分で交互に進ませて解を求めるという方法もある．

これは図 3.6 を見ればその原理がわかるであろう[*2)]．これらの挟み込みの方法はプログラミングも簡単で作りやすいが，解を求める速さは遅い．実際には，精度を上げたいという焦る気持ちを抑え，はじめはやや大きめの ϵ で試みて，反復回数を調べながら $N_{\max}$ を大きくしつつ，ϵ を次第に小さくしていくという方法で計算を進めていくべきである．

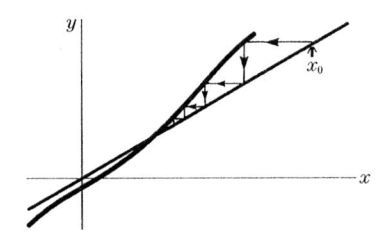

図 3.6　中間値の定理のもとづく方法 (2)
　　　　x 軸，y 軸に平行な線分で接近する．

[*2)] 考えてみると，左辺第 2 項は x でなく，一般に $g(x)$ であってもよい．問題に即して最も適切なものを $f(x) - g(x)$ として使えばよいということに気がつく．

問題 3.2 2の3乗根を,$f(x) = x^3 - 2 = 0$ の解を求めることにより,数値をできるだけ精度よく評価せよ.ここで述べた中間値の定理の方法を用いよ.

問題 3.3 前節で取り上げた方程式 (3.2) の最も小さい解を中間値の定理の方法で求めよ.

3.3 ニュートン法

次に説明するのは,x での $f(x)$ の値ではなく,微係数 df/dx を使う方法である.この原理の概念図を図 3.7 に示す.

まず,ある x_i での $f'(x_i)$ を求めてこの点での接線を作る.次にこの接線と x 軸との交点を求めて,それを x_{i+1} とするのである.この操作を繰り返して解を得る方法はニュートン法とよばれている.

3.3.1 操作の手順

ここでも操作手順を箇条書きにして与えておこう.

① 精度 ϵ,最大繰り返し数 N を与える.また,繰り返し数 M を 0 とする.
② 方程式 $f(x) = 0$ の解の近くと思われるところを初期値 x_0 とおく.
③ M を1つ増やす.
④ M が N 以上になっていたら計算を止める.もし,そうでなければ ⑤ へ.
⑤ $x = x_\ell \, (\ell = 0, 1, 2, \cdots)$ に対してそこでの微係数 $df/dx = f'(x_\ell)$ を求めておく.
⑥ x_ℓ に対して,次の $x_{\ell+1}$ を定める.図 3.7 より,

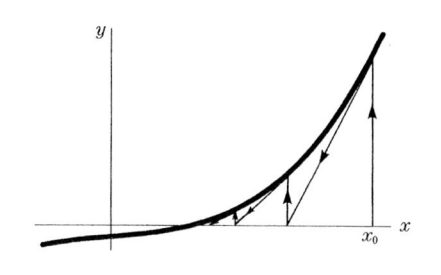

図 3.7 ニュートン法

$$\frac{f(x_\ell)}{x_{\ell+1} - x_\ell} = f'(x_\ell) \qquad (3.4)$$

とする方針なので，これを変形した次式を用いる．

$$x_{\ell+1} = x_\ell + \frac{f(x_\ell)}{f'(x_\ell)} \qquad (3.5)$$

⑦ もし，$|x_{\ell+1} - x_\ell| \leq \epsilon$ ならば $x_{\ell+1}$ の値を解とする (計算終了)．もし，$|x_{\ell+1} - x_\ell| > \epsilon$ ならば $x_{\ell+1}$ の値を x_ℓ に置き換えて ③ へ戻る．

　この場合，解は高速で求まるのがふつうであるが，この方法に特有の欠点もある．x_i のとり方が悪いと接線がとんでもない方向に向かってしまって，場合によっては解はいつまでも求まらないのである (ここでも，先に述べた，最大反復回数で計算を止める配慮は重要である)．その例を図 3.8 に示す．

　どうしてこうなってしまったかは一目瞭然であろう．これを回避するためには，もっと解に近い x の値から始める必要がある．それは $f(x)$ の形をもっと知っておくべきだったということである．3.1 節で注意したように，やはり根を求める前に関数のおおよその形を描いてみることが大切なのである．また，初期段階では前節の挟み込みの方法（中間値の定理の方法）を使い，ある程度解に近づいてから，高速なニュートン法を使うという堅実なやり方も考慮すべきである．

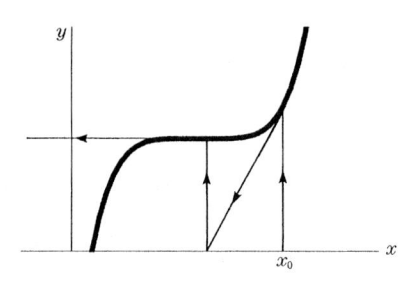

図 3.8　ニュートン法では解が求まらない例

3.3.2 接線の評価法

ところで，簡単に「接線を作る」といったが，それが解析的に与えられない場合は，数値的に求めることになる．すなわち微係数の求め方を問題としよう．すぐに考えつくのは，$\{f(x+h)-f(x)\}/h$ である．しかし，それよりも $\{f(x+h)-f(x-h)\}/2h$ の方がよいことはすぐにわかる．前者の誤差が h に比例するとすれば，後者の誤差は h^2 に比例することがわかる．というわけで，あとは h を小さくすれば誤差は減るはずである．しかしここで問題がある．微係数計算とは，分数式で分母が小さくなるとき，同時に分子2項の打ち消し合いで小さくなる計算なので，2.2節で述べた誤差論における桁落ちの注意が必要となる．つまり分子の2つの項がどんどん近づくため差し引くと有効数字の桁数が，著しく落ちてしまうことが起こりやすいのである．刻み幅 h を小さくしさえすれば，自動的に精度が上がるというのは幻想である．微係数という局所的な量の数値的評価は難しいということを知っておくべきである．

問題 3.4 上で述べた操作手順を参考にして，ニュートン法のプログラムを作れ．

問題 3.5 問題 3.3 で取り上げた方程式 (3.2) の1番小さい解と2番目に小さい解をニュートン法で求めよ．この1番小さい解を出す際，必要な精度を得るための計算時間を，問題 3.3 の場合と比較せよ (たとえば 8 桁の精度で求めてみよ)．

4

連 立 方 程 式

　物理学をはじめ，多くの分野においてしばしば連立方程式を解くことが必要になる．本章では，そのなかでも多くの自由度をもつ線形現象を調べる際に必ず出てくる n 元連立 1 次方程式の解法，すなわち定数 a_{ij} $(i,j=1,\cdots,n)$ と b_i $(i=1,\cdots,n)$ が与えられたとき，次の n 個の式を同時に満足する x_i $(i=1,\cdots,n)$ を求める方法について述べる．

$$\begin{cases} a_{11}x_1 + a_{12}x_2 + \cdots + a_{1n}x_n = b_1 \\ a_{21}x_1 + a_{22}x_2 + \cdots + a_{2n}x_n = b_2 \\ \vdots \\ a_{n1}x_1 + a_{n2}x_2 + \cdots + a_{nn}x_n = b_n \end{cases} \tag{4.1}$$

上記の表記は，係数行列 A および $\boldsymbol{b}, \boldsymbol{x}$ すなわち

$$A = \begin{pmatrix} a_{11} & a_{12} & \cdots & a_{1n} \\ a_{21} & a_{22} & \cdots & a_{2n} \\ & & \vdots & \\ a_{n1} & a_{n2} & \cdots & a_{nn} \end{pmatrix}, \quad \boldsymbol{b} = \begin{pmatrix} b_1 \\ b_2 \\ \vdots \\ b_n \end{pmatrix}, \quad \boldsymbol{x} = \begin{pmatrix} x_1 \\ x_2 \\ \vdots \\ x_n \end{pmatrix} \tag{4.2}$$

を用いて

$$A\boldsymbol{x} = \boldsymbol{b} \tag{4.3}$$

と表すことができる．

4.1 行列演算

行列演算は，連立1次方程式，線形変換などに関連した広い分野で用いられる，優れた数学言語である．物理学においては，線形物理学とよぶべき物理学の重要な領域における強力な記述法として確固たる地位を占めている．これについては5章のはじめで再びふれる．本書では，この章で連立1次方程式を議論し，5,6章で線形変換の本質を表現する形態としての行列の固有値問題を論じ，さらに13章で大次元行列の固有値問題を扱う．物理学に限らず，理工学全般における線形変換論のもつ実り多い世界については，本書の範囲を越えるので，他のテキストを参照してほしい．たとえば，参考文献の [高橋秀俊 (1957)][13] をすすめたい．これを，単なる工学の技術的問題演習と考えてほしくない．回路というキーワードを用いて，理工学分野のすべてを包括した線形変換の一般論を構築しようとした著者の心意気を感じてほしい[*1]．また，スペクトル解析という立場からの議論もきわめて教育的である[15]．

4.2 クラメル公式の方法

さて，式 (4.1) (すなわち，式 (4.2), (4.3)) のような連立1次方程式の解の公式として，線形代数学の教科書[16] には行列式を用いたクラメル (Cramer) 公式が通常示されている．この公式では，係数 a_{ij} を要素とする行列式を $|A|$ とするとき，すなわち

$$|A| = \begin{vmatrix} a_{11} & a_{12} & \cdots & a_{1n} \\ a_{21} & a_{22} & \cdots & a_{2n} \\ \vdots & \vdots & \ddots & \vdots \\ a_{n1} & a_{n2} & \cdots & a_{nn} \end{vmatrix} \quad (4.4)$$

n 元連立1次方程式の解は

[*1] もはや入手しにくいが，[高橋秀俊，藤村　靖 (1960)][14] も名演習書である．

$$x_1 = \frac{|A_1|}{|A|}, \quad x_2 = \frac{|A_2|}{|A|}, \quad \cdots$$

$$x_i = \frac{|A_i|}{|A|}, \quad \cdots, \quad x_n = \frac{|A_n|}{|A|} \tag{4.5}$$

で与えられる．ここで行列式 $|A_i|$ は，行列式 $|A|$ の第 i 列の要素を列ベクトル $\boldsymbol{b}$ の要素で置き換えた行列式である．

$$|A_i| = \begin{vmatrix} a_{11} & \cdots & a_{1i-1} & b_1 & a_{1i+1} & \cdots & a_{1n} \\ a_{21} & \cdots & a_{2i-1} & b_2 & a_{2i+1} & \cdots & a_{2n} \\ a_{31} & \cdots & a_{3i-1} & b_3 & a_{3i+1} & \cdots & a_{3n} \\ \vdots & & \vdots & \vdots & \vdots & \ddots & \vdots \\ a_{n1} & \cdots & a_{ni-1} & b_n & a_{ni+1} & \cdots & a_{nn} \end{vmatrix}$$

（第 i 列 ↓）

理論的には上記の行列式で解を与えるが，実際に計算して数値を得ようとすると，計算の手順は n^4 に比例するため n が大きい場合には連立方程式の実用的な解法ではない．そこで実際には他の諸方法が用いられている．なお行列式の数値計算法については後述する．

4.3 消　去　法

消去法を一般的に説明する前に，我々が筆算で連立方程式を解くとき，どのように行うか確認してみよう．例として以下のような連立方程式を考えよう．

$$\begin{array}{rl} (1) & \\ (2) & \left\{ \begin{array}{rcrcrcr} 2x & - & y & - & z & = & 1 \\ 3x & - & 2y & + & 2z & = & -3 \\ x & - & 2y & + & z & = & -4 \end{array} \right. \\ (3) & \end{array}$$

まず上記の式 (2), (3) の x の係数を 0 にするように次のような変換をする．

$$\begin{array}{rl} (4) & \\ (5) & \left\{ \begin{array}{rcrcrcrl} 2x & - & y & - & z & = & 1 & \cdots (1) \text{のまま} \\ 0x & - & \frac{1}{2}y & + & \frac{7}{2}z & = & -\frac{9}{2} & \cdots (2) - (1) \times \frac{3}{2} \\ 0x & - & \frac{3}{2}y & + & \frac{3}{2}z & = & -\frac{9}{2} & \cdots (3) - (1) \times \frac{1}{2} \end{array} \right. \\ (6) & \end{array}$$

次に上記の式 (6) の y の係数を 0 にする.

$$
\begin{array}{rl}
(7) \\
(8) \\
(9)
\end{array}
\left\{
\begin{array}{rcrcrcr}
2x & - & y & - & z & = & 1 \\
0x & - & \dfrac{1}{2}y & + & \dfrac{7}{2}z & = & -\dfrac{9}{2} \\
0x & + & 0y & - & 9z & = & 9
\end{array}
\right.
\begin{array}{l}
\cdots (1)\text{ のまま} \\
\cdots (5)\text{ のまま} \\
\cdots (6) - (5) \times 3
\end{array}
$$

このあと $(9) \to (8) \to (7)$ とさかのぼることで順次 $z = -1$, $y = 2$, $x = 1$ を得る.

以上の変換の手順を x, y, z, を省略し各段階における係数行列 A と列ベクトル b の要素のみで示してみよう.

	a_{ij}			b_i	操作
(1)	2	-1	-1	1	
(2)	3	-2	2	-3	
(3)	1	-2	1	-4	
(4)	2	-1	-1	1	(1) のまま
(5)	0	$-\dfrac{1}{2}$	$\dfrac{7}{2}$	$-\dfrac{9}{2}$	$(2) - (1) \times \dfrac{3}{2}$
(6)	0	$-\dfrac{3}{2}$	$\dfrac{3}{2}$	$-\dfrac{9}{2}$	$(3) - (1) \times \dfrac{1}{2}$
(7)	2	-1	-1	1	(1) のまま
(8)	0	$\dfrac{1}{2}$	$\dfrac{7}{2}$	$-\dfrac{7}{2}$	(5) のまま
(9)	0	0	-9	9	$(6) - (5) \times 3$

このように係数行列の左下部分の非対角要素をすべて 0 とするように変換を行ってきたことがわかる.

ここで式 (9) から $z = -1$ が求まり,それを式 (8) に代入し $y = 2$,さらに式 (6) から $x = 1$ と戻りながら解を求めることができる.

この例を一般化した解法は「ガウス (Gauss) の消去法」とよばれている.

4.3.1 ガウスの消去法

n 元の連立 1 次方程式 $Ax = b$ の解をガウスの消去法で求める手順は以下のようになる.

(1) 係数行列 A と列ベクトル b からなる $n \times (n+1)$ の行列 $\tilde{A}$ を作る.

4.3 消　去　法

$$\tilde{A} = \begin{pmatrix} a_{11} & a_{12} & a_{13} & \cdots & a_{1n} & b_1 \\ a_{21} & a_{22} & a_{23} & \cdots & a_{2n} & b_2 \\ a_{31} & a_{32} & a_{33} & \cdots & a_{3n} & b_3 \\ \vdots & \vdots & \vdots & \ddots & \vdots & \vdots \\ a_{n1} & a_{n2} & a_{n3} & \cdots & a_{nn} & b_n \end{pmatrix} \quad (4.6)$$

次にこの行列 $\tilde{A}$ を変換し，係数行列の左下半分の非対角要素部分を 0 になるような行列 $\tilde{A}'$ に変換する．すなわち

$$\tilde{A}' = \begin{pmatrix} a'_{11} & a'_{12} & a'_{13} & \cdots & a'_{1n} & b'_1 \\ 0 & a'_{22} & a'_{23} & \cdots & a'_{2n} & b'_2 \\ 0 & 0 & a'_{33} & \cdots & a'_{3n} & b'_3 \\ \vdots & \vdots & \ddots & \ddots & \vdots & \vdots \\ 0 & 0 & \cdots & 0 & a'_{nn} & b'_n \end{pmatrix} \quad (4.7)$$

と変換する（この過程を前段過程という）．

この前段過程において

$$c = \frac{a_{ji}}{a_{ii}} \quad (j > i) \quad (4.8)$$

として c の値を決め，

$${}^{新}a_{jk} = a_{jk} - c * a_{ik} \quad (k = i, \cdots, n) \quad (4.9)$$

とする変換，すなわち $a_{ji}(j = i+1, \cdots, n)$ を 0 にする変換を「除数 a_{ii} をピボット（pivot, 軸要素）にした掃き出し」という．ここで，ピボットには「旋回における軸」という意味がある．この言葉は 5 章でも使うことになる．

(2) 変換後，まず最下行（第 n 行）が与える式

$$a'_{nn} x_n = b'_n$$

から x_n の値を求める（$x_n = b'_n / a'_{nn}$）．次に第 $n-1$ 行が与える式

$$a'_{n-1 n-1} x_{n-1} + a'_{n-1 n} x_n = b'_{n-1}$$

にすでに求められた値 x_n を代入し，x_{n-1} を求める．このような手順を繰り返し $x_{n-2}, x_{n-3}, \cdots$ と解を求める．一般に x_i の値は，すでに求められた $x_{i+1}, \cdots, x_n$ を用いて

$$x_i = \frac{b'_i - \sum_{j=i+1}^{n} a'_{ij} x_j}{a'_{ii}} \tag{4.10}$$

で与えられる（この過程を後段過程という）．

この方法は行列の次元数 n が大きくなると誤差の蓄積が問題になることがある．特にピボットになる a_{ii} 要素が 0 であったり絶対値が非常に小さい場合は注意を要する．そこで $a_{ii}, a_{i+1,i}, \cdots, a_{ni}$ のなかで絶対値が最大のものを見つけ，仮にそれが a_{ji} だとすると，第 j 行と第 i 行を入れかえてから掃き出しを行うなどの工夫が必要である．

問題 4.1 ピボットの選択に工夫をこらしながらガウスの消去法による連立方程式の解法のプログラムを作成せよ．

問題 4.2 ガウスの消去法の行列式計算への応用を考えてみよ．ガウスの消去法で，式 (4.6) の行列 $\tilde{A}$ を式 (4.7) の行列 $\tilde{A}'$ に変換したが，行列のうち最右列を除いた第 1 列から第 n 列の係数行列部分に注目してみよ．この変換に際し行った操作は，

① ある行の各要素を定数倍したものを他の行の要素に加える，

② ピボットの選択にともなう 2 つの行を入れ換える，

である．このことから式 (4.4) で示された行列式 $|A|$ の値は，式 (4.7) の行列要素 $a'_{11}, a'_{22}, \cdots, a'_{nn}$ を用いて

$$|A| = (-1)^s \times a'_{11} \times a'_{22} \times \cdots \times a'_{nn} \tag{4.11}$$

の値に等しいことを示せ．式 (4.11) において，s は式 (4.6) の $\tilde{A}$ から式 (4.7) の $\tilde{A}'$ への変換でピボット選択にともない行った行の入れ換え回数を意味している．このことを利用して行列式の値を求めるプログラムを作成せよ．

問題 4.3 前問の行列式を求める計算において行う乗除算の回数を次元数 n の式で表せ．

4.3.2 ガウス–ジョルダンの消去法

ガウスの消去法では前段過程において式 (4.6) の行列 $\tilde{A}$ を，式 (4.7) の $\tilde{A}'$ のように係数行列の左下半分の要素が 0 になるように変換した．すなわち要素 a_{ii} をピボットに選択し，下方の $j = i+1,\cdots,n$ 行の要素を変換した．この際同時に上方の $j = 1,\cdots,i-1$ 行の要素の対象にして同様な掃き出しを行い，対角要素 $a_{ii} i = 1,\cdots,n$ のみを残す変換も考えられる．これはガウス–ジョルダン (Gauss–Jordan) の消去法とよばれ，その対角要素がすべて 1 となるように規格化する操作も行う．

この手順を先ほどと同じ 3 元連立方程式

$$\begin{array}{cl}(1)\\(2)\\(3)\end{array}\left\{\begin{array}{rcrcrcr}2x & - & y & - & z & = & 1 \\ 3x & - & 2y & + & 2z & = & -3 \\ x & - & 2y & + & z & = & -4\end{array}\right.$$

について係数行列 $\tilde{A}$ の変化を具体的に示すと

	a_{ij}			b_i	操作
(1)	2	-1	-1	1	
(2)	3	-2	2	-3	
(3)	1	-2	1	-4	
(4)	1	$-\frac{1}{2}$	$-\frac{1}{2}$	$\frac{1}{2}$	$(1) \times \frac{1}{2}$
(5)	0	$-\frac{1}{2}$	$\frac{7}{2}$	$-\frac{9}{2}$	$(2) - (4) \times 3$
(6)	0	$-\frac{3}{2}$	$\frac{3}{2}$	$-\frac{9}{2}$	$(3) - (4) \times 1$
(7)	1	0	-4	5	$(4) - (8) \times (-\frac{1}{2})$
(8)	0	1	-7	9	$(5) \times (-\frac{2}{1})$
(9)	0	0	-9	9	$(6) - (8) \times (-\frac{3}{2})$
(10)	1	0	0	1	$(7) + (12) \times 4$
(11)	0	1	0	2	$(8) + (12) \times 7$
(12)	0	0	1	-1	$(9) \times (-\frac{1}{9})$

となる．上の表で (10)~(12) が示すように，この方法においては求める解が一番右の列に現れている．

以上の例を一般化し，n 元の連立 1 次方程式 $Ax = b$ の解をガウス–ジョルダンの消去法で求める手順は以下のようになる．

(1) 係数行列 A と列ベクトル $\boldsymbol{b}$ からなる $n \times (n+1)$ の行列 $\tilde{A}$ を作る.

$$\tilde{A} = \begin{pmatrix} a_{11} & a_{12} & a_{13} & \cdots & a_{1n} & b_1 \\ a_{21} & a_{22} & a_{23} & \cdots & a_{2n} & b_2 \\ a_{31} & a_{32} & a_{33} & \cdots & a_{3n} & b_3 \\ \vdots & \vdots & \vdots & \ddots & \vdots & \vdots \\ a_{n1} & a_{n2} & a_{n3} & \cdots & a_{nn} & b_n \end{pmatrix} \quad (4.12)$$

(2) 係数行列 $\tilde{A}$ を変換し,すべての対角要素の値が 1 となる対角行列 $\tilde{A}'$ に変換する.すなわち

$$\tilde{A}' = \begin{pmatrix} 1 & 0 & 0 & \cdots & 0 & b'_1 \\ 0 & 1 & 0 & \cdots & 0 & b'_2 \\ 0 & 0 & 1 & \cdots & 0 & b'_3 \\ \vdots & \vdots & \ddots & \ddots & \vdots & \vdots \\ 0 & 0 & \cdots & 0 & 1 & b'_n \end{pmatrix} \quad (4.13)$$

と変換する.この行列 $\tilde{A}'$ の右端に現れた列ベクトル $\boldsymbol{b}'$ が求める解 $\boldsymbol{x}$ を与える.すなわち

$$x_i = b'_i \quad (4.14)$$

である.

問題 4.4 ガウス–ジョルダンの消去法にもとづいた連立 1 次方程式を解くプログラムを作成せよ.

問題 4.5 ガウス–ジョルダンの消去法を利用した逆行列の計算を考えよう.上記の式 (4.12) を式 (4.13) に変換した操作は,係数行列 A を単位行列 E に変換する操作である.したがってこれと同じ操作を単位行列に行えば,最終段階で行列 A の逆行列 A^{-1} に変換されるはずである.このことを利用して A の逆行列 A^{-1} を求めるプログラムを作成せよ.

4.4 反　復　法

連立方程式 $A\boldsymbol{x} = \boldsymbol{b}$ の解 $\boldsymbol{x}$ を求めるのに，まず最初に $\boldsymbol{x}$ として適当なベクトル $\boldsymbol{x}_0$ を仮定し，以後 $\boldsymbol{x}_1, \boldsymbol{x}_2, \cdots$ の値を少しずつ動かしながら正解に近づけていく方法を一般に反復法という．ここでは ガウス–ザイデル（Gauss–Seidel）の反復法について解説する．

ある近似解 $\boldsymbol{x}^{(k)} = (x_1^{(k)}, x_2^{(k)}, \cdots, x_n^{(k)})$ が求まっているとき，次のようにしてよりよい近似解 $\boldsymbol{x}^{(k+1)} = (x_1^{(k+1)}, x_2^{(k+1)}, \cdots, x_n^{(k+1)})$ を求める．まず，方程式の第 1 式を書き換えた式，

$$x_1 = \frac{b_1 - a_{12}x_2 - a_{13}x_3 - \cdots - a_{1n}x_n}{a_{11}}$$

の右辺の $x_2, x_3, \cdots, x_n$ にその時点で得られている最もよい近似値を代入し，新しい x_1 の近似値 $x_1^{(k+1)}$ の値を決める．

$$x_1^{(k+1)} = \frac{b_1 - a_{12}x_2^{(k)} - a_{13}x_3^{(k)} - \cdots - a_{1n}x_n^{(k)}}{a_{11}}$$

次に第 2 式を書き換え，新しい x_2 の近似値 $x_2^{(k+1)}$ を

$$x_2^{(k+1)} = \frac{b_2 - a_{21}x_1^{(k+1)} - a_{23}x_3^{(k)} - \cdots - a_{2n}x_n^{(k)}}{a_{22}}$$

と求める．以下同様の処理を継続する．すなわち

$$x_i^{(k+1)} = \frac{b_i - \sum_{j=1}^{i-1} a_{ij}x_j^{(k+1)} - \sum_{j=i+1}^{n} a_{ij}x_j^{(k)}}{a_{ii}} \tag{4.15}$$

の操作を $i = 1, 2, \cdots$ と行うことにより，改良された近似解 $\boldsymbol{x}^{(k+1)}$ が得られる．以後は上記の処理を繰り返し $|\boldsymbol{x}^{(k+1)} - \boldsymbol{x}^{(k)}|$ が十分小さくなったら終了する．

以上のように，この反復法は係数行列 A を書き換えない方法であるため，誤差の累積がない点が特徴であるが，万能ではないので適用には注意しなければならない．ガウス–ザイデルの反復法が有効とされるのは，係数行列 A の非対

角要素の絶対値が，対角要素に比べ小さい場合である．したがって，係数行列が大次元の疎行列（行列要素の値が0であるものが多い行列のこと）の場合などは効果的である．

物理学の諸問題に登場する連立方程式では，係数行列 A は大次元であるが疎行列で，しかも対角要素の値が非対角要素に比べて大きい傾向があり，反復法は有効な手段となる．しかし初期値のとり方などによっては収束しにくくなる場合もあるので注意を要する．初期値 $\boldsymbol{x}^{(0)}$ は適当に仮定すればよいが，たとえば $x_i^{(0)} = b_i/a_{ii}$ などとするのも一案だろう．

問題 4.6 ガウス–ザイデルの反復法をプログラムを作り，以下の連立方程式の解を求めよ．途中の収束状況も調べてみよ．

$$\begin{pmatrix} 5 & -1 & 1 & 2 \\ 1 & 4 & 2 & 1 \\ -2 & 1 & -6 & 2 \\ 1 & -1 & 3 & 4 \end{pmatrix} \begin{pmatrix} x_1 \\ x_2 \\ x_3 \\ x_4 \end{pmatrix} = \begin{pmatrix} 18 \\ -9 \\ 14 \\ 4 \end{pmatrix}$$

5

行列の固有値問題の基礎

 物理学の各科目には,古典力学,電磁気学,量子力学,熱力学,統計物理学などがあるが,このような分類とは別に,物理学を線形物理学と非線形物理学の2つに分けることもできる.線形物理学は力学のなかの弾性論,音響理論,水の波,電磁気学と量子力学(波動力学)のほとんど全部ともいえる大きな部分を占めており,これらは,すべて線形の方程式で扱われる.そのため,これらの分野での問題のほとんどすべてが,対象とする系に固有のモードの固有値,固有運動を求める問題に帰着する.これらは線形現象論ともよばれるきわめて一般的な表現世界を作っている[16].特に,系に励起される波動という見方で固有振動を問題にする課題は,さらに原子核物理学・固体物理学にまでも及び,きわめて適用範囲が広い[*1].

5.1 2重振子の固有振動

 以上のことを踏まえて,ここでは簡単な例として図5.1のような2重振子の固有振動を求める問題を考えてみよう.

 2つの質点のつり合いの位置からの変位をそれぞれ x_1, x_2 とするとラグランジュ関数 $\mathcal{L}$ は,$|x_1/\ell|, |x_2/\ell| \ll 1$ の条件のもとでは以下のようになる.

$$\mathcal{L} = \frac{m}{2}(\dot{x}_1^2 + \dot{x}_2^2) - \frac{1}{2}\frac{mg}{\ell}\{2x_1^2 + (x_2-x_1)^2\} \tag{5.1}$$

したがってラグランジュの運動方程式は

$$\frac{d}{dt}\left(\frac{\partial \mathcal{L}}{\partial \dot{q}_r}\right) - \frac{\partial \mathcal{L}}{\partial q_r} = 0 \tag{5.2}$$

[*1] それでは非線形物理学における共通の概念は何であろう.それは基礎物理学シリーズ全体を通じて考えていただきたいが,線形ほど普遍的なものはいまだないといえるのではないか.

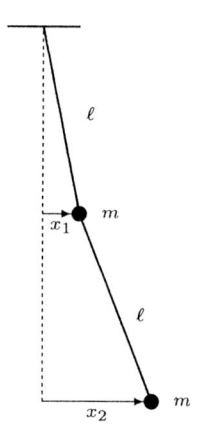

図 5.1 2重振子のモデル
それぞれの質点 1,2 の変位を x_1, x_2 とする.

から以下のようになる.

$$\begin{cases} m\ddot{x}_1 = -\dfrac{mg}{\ell}2x_1 + \dfrac{mg}{\ell}(x_2 - x_1) \\ m\ddot{x}_2 = -\dfrac{mg}{\ell}(x_2 - x_1) \end{cases} \tag{5.3}$$

次にこの式をもとにこの系の固有振動, すなわち2つの質点が同じ周期で振動するモードを求めてみる. そのときの角振動数を ω とし, $\ddot{x}_1 = -\omega^2 x_1$ および $\ddot{x}_2 = -\omega^2 x_2$ を代入することで以下の式を得る.

$$\begin{cases} (3\omega_0^2 - \omega^2)x_1 - \omega_0^2 x_2 = 0 \\ -\omega_0^2 x_1 + (\omega_0^2 - \omega^2)x_2 = 0 \end{cases} \tag{5.4}$$

ここで $\omega_0^2 = g/\ell$ である. これらの式は行列を用いて以下のように書ける.

$$\begin{pmatrix} 3\omega_0^2 & -\omega_0^2 \\ -\omega_0^2 & \omega_0^2 \end{pmatrix} \begin{pmatrix} x_1 \\ x_2 \end{pmatrix} = \omega^2 \begin{pmatrix} x_1 \\ x_2 \end{pmatrix} \tag{5.5}$$

さらに $\lambda = \omega^2/\omega_0^2$ とすると次の式になる.

$$\begin{pmatrix} 3 & -1 \\ -1 & 1 \end{pmatrix} \begin{pmatrix} x_1 \\ x_2 \end{pmatrix} = \lambda \begin{pmatrix} x_1 \\ x_2 \end{pmatrix} \tag{5.6}$$

このように固有振動を求める問題は上の式を満たす λ とそれに対応した x_1, x_2

の値を求める問題に帰着する．このとき λ を行列 $\begin{pmatrix} 3 & -1 \\ -1 & 1 \end{pmatrix}$ の固有値 (eigen value)，ベクトル $\begin{pmatrix} x_1 \\ x_2 \end{pmatrix}$ をその固有ベクトル (eigen vector) といい，これらを求めるような問題を行列の固有値問題とよぶ．実際にこの固有値を求めるには次の固有値方程式（seqular equation）を解けばよい．

$$\begin{vmatrix} 3-\lambda & -1 \\ -1 & 1-\lambda \end{vmatrix} = 0 \tag{5.7}$$

問題 5.1 上の固有値方程式を解き2つの固有値を求めよ．またそれぞれの固有ベクトルを求め，それぞれどのような振動運動か図示せよ．

問題 5.2 図 5.2 のように質量 m の質点を n 個，左端を固定してバネ係数 k のバネで連ねたシステムの固有振動を求める問題はどのような行列の固有値問題になるか示せ．このときの行列が対称行列であることを確認せよ．

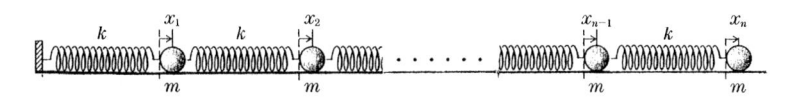

図 5.2 質点 n 個をバネで連ねた系
バネ係数を k，質量を m，各質点の変位を x_j ($j = 1, 2, \cdots, n$) とする．

5.2 固有値の求め方

5.2.1 固有値方程式

一般に行列の固有値問題とは行列 A について $A\boldsymbol{u} = \lambda \boldsymbol{u}$，すなわち

$$\begin{pmatrix} a_{11} & a_{12} & \cdots & a_{1n} \\ a_{21} & a_{22} & \cdots & a_{2n} \\ & & \vdots & \\ a_{n1} & a_{n2} & \cdots & a_{nn} \end{pmatrix} \begin{pmatrix} u_1 \\ u_2 \\ \vdots \\ u_n \end{pmatrix} = \lambda \begin{pmatrix} u_1 \\ u_2 \\ \vdots \\ u_n \end{pmatrix} \tag{5.8}$$

を満たす固有値 λ とそれに対応した固有ベクトル $\boldsymbol{u}$ を求める問題のことをいう．このとき固有値 λ は固有値方程式（または特性方程式）とよばれる式，

$$\begin{vmatrix} a_{11}-\lambda & a_{12} & \cdots & a_{1n} \\ a_{21} & a_{22}-\lambda & \cdots & a_{2n} \\ & & \vdots & \\ a_{n1} & a_{n2} & \cdots & a_{nn}-\lambda \end{vmatrix} = 0 \qquad (5.9)$$

の解で与えられる．この方程式は行列 A が $n \times n$ であるとき，λ に関する n 次の方程式である．この方程式を直接解き，n 個の解を求めることは簡単そうに見えるが，n が大きくなるに従い効率が悪く，3重対角行列など特殊な場合以外は実用的ではないとされている．そこで固有値を固有方程式を用いずに求める方法として次節以下に示す行列の対角化の方法が通常用いられている．

5.2.2 行列の対角化

固有値や固有ベクトルに関して次のような重要な性質がある．
ⓐ 行列 A の転置行列 A^T の固有値は A の固有値と一致する．
ⓑ 行列 B が正則行列（行列式の値が $|B| \neq 0$ である行列のこと）のとき $B^{-1}AB$ の固有値は A の固有値と一致する．
ⓒ 行列 A が対称行列のとき（すなわち $a_{ij} = a_{ji}$）異なる固有値 $\lambda_1, \lambda_2, \cdots$ に対する固有ベクトル $\boldsymbol{u}_1, \boldsymbol{u}_2, \cdots$ は互いに直交する．

問題 5.3 上記の性質を証明せよ．
問題 5.4 対称行列

$$A = \begin{pmatrix} -1 & 4 \\ 4 & 5 \end{pmatrix}$$

の2つの固有ベクトルを求め，互いに直交していることを示せ．

これらの性質を基礎に行列の対角化について調べてみよう．物理学で登場する行列は，多くの場合行列要素が実数の対称行列（実対称行列という）である．以下ではこの実対称行列を主に扱うことにする．

一般に n 次の対称行列 A の固有値を $\lambda_1, \lambda_2, \cdots, \lambda_n$ とするとき，適当な正則行列 U により

$$U^{-1}AU = \begin{pmatrix} \lambda_1 & 0 & \cdots & 0 \\ 0 & \lambda_2 & \cdots & 0 \\ & & \vdots & \\ 0 & 0 & \cdots & \lambda_n \end{pmatrix} \tag{5.10}$$

の対角行列に変換することができたとしよう.すると両辺に左から U を掛けて得られる式,

$$A \begin{pmatrix} u_{11} & u_{12} & \cdots & u_{1n} \\ u_{21} & u_{22} & \cdots & u_{2n} \\ & & \vdots & \\ u_{n1} & u_{n2} & \cdots & u_{nn} \end{pmatrix}$$

$$= \begin{pmatrix} u_{11} & u_{12} & \cdots & u_{1n} \\ u_{21} & u_{22} & \cdots & u_{2n} \\ & & \vdots & \\ u_{n1} & u_{n2} & \cdots & u_{nn} \end{pmatrix} \begin{pmatrix} \lambda_1 & 0 & \cdots & \\ 0 & \lambda_2 & \cdots & 0 \\ & & \vdots & \\ 0 & 0 & \cdots & \lambda_n \end{pmatrix} \tag{5.11}$$

の両辺の第1列,第2列, $\cdots$ を比較すると

$$A \begin{pmatrix} u_{11} \\ u_{21} \\ \vdots \\ u_{n1} \end{pmatrix} = \lambda_1 \begin{pmatrix} u_{11} \\ u_{21} \\ \vdots \\ u_{n1} \end{pmatrix}, \quad A \begin{pmatrix} u_{12} \\ u_{22} \\ \vdots \\ u_{n2} \end{pmatrix} = \lambda_2 \begin{pmatrix} u_{12} \\ u_{22} \\ \vdots \\ u_{n2} \end{pmatrix}, \quad \cdots \tag{5.12}$$

が成立していることがわかる.すなわちベクトル

$$\boldsymbol{u}_1 = \begin{pmatrix} u_{11} \\ u_{21} \\ \vdots \\ u_{n1} \end{pmatrix}, \quad \boldsymbol{u}_2 = \begin{pmatrix} u_{12} \\ u_{22} \\ \vdots \\ u_{n2} \end{pmatrix}, \quad \cdots$$

はそれぞれ $\lambda_1, \lambda_2, \cdots$ の固有ベクトルになっていることがわかる.このようにして作られた行列 U が直交行列,すなわち $U^T = U^{-1}$, したがって $U^T U = 1$ を満たす行列であることは明らかである.

上記の事実は対称行列 A の固有値 $\lambda_1, \lambda_2, \cdots$ が，直交変換 $U^{-1}AU$ により対角行列にすることでも求められることを意味している．この変換は行列の対角化とよばれている．

問題 5.5 対称行列 A を対角化する行列 U が直交行列であることを示せ．

問題 5.6 対称行列

$$A = \begin{pmatrix} -1 & 4 \\ 4 & 5 \end{pmatrix}$$

のとき

$$U^{-1}AU = \begin{pmatrix} -3 & 0 \\ 0 & 7 \end{pmatrix}$$

と対角化する直交行列 U を固有ベクトルをもとにして求めよ．

5.2.3 2次元対称行列の対角化

2次元の実対称行列を直交変換で対角化する行列 U を見出すことは容易である．2次元の直交行列は一般に

$$U = \begin{pmatrix} \cos\theta & \sin\theta \\ -\sin\theta & \cos\theta \end{pmatrix}$$

と書ける．2次元の実対称行列

$$A = \begin{pmatrix} \alpha & \gamma \\ \gamma & \beta \end{pmatrix}$$

を対角化する θ を求めよう．

$$\begin{aligned} U^{-1}AU &= \begin{pmatrix} \cos\theta & -\sin\theta \\ \sin\theta & \cos\theta \end{pmatrix} \begin{pmatrix} \alpha & \gamma \\ \gamma & \beta \end{pmatrix} \begin{pmatrix} \cos\theta & \sin\theta \\ -\sin\theta & \cos\theta \end{pmatrix} \\ &= \begin{pmatrix} \alpha' & \gamma' \\ \gamma' & \beta' \end{pmatrix} \end{aligned} \quad (5.13)$$

とすると

$$\alpha' = \alpha\cos^2\theta + \beta\sin^2\theta - 2\gamma\cos\theta\sin\theta \quad (5.14)$$

5.2 固有値の求め方

$$\beta' = \alpha \sin^2\theta + \beta\cos^2\theta - 2\gamma\cos\theta\sin\theta \tag{5.15}$$

$$\gamma' = (\alpha - \beta)\sin\theta\cos\theta + \gamma(\cos^2\theta - \sin^2\theta) \tag{5.16}$$

が成立していることが示される．

したがって $\gamma' = 0$ となるように θ を

$$(\alpha - \beta)\sin\theta\cos\theta + \gamma(\cos^2\theta - \sin^2\theta) = 0 \tag{5.17}$$

すなわち

$$\tan 2\theta = \frac{-2\gamma}{\alpha - \beta} \tag{5.18}$$

とすると（$|\theta| < \pi/4$），行列 A を対角行列に直交変換できることが示された．

問題 5.7 対称行列

$$A = \begin{pmatrix} -1 & 4 \\ 4 & 5 \end{pmatrix}$$

のとき

$$U^{-1}AU = \begin{pmatrix} -3 & 0 \\ 0 & 7 \end{pmatrix}$$

と対角化する直交行列 U を上記の方法にもとづいて求めよ．ただし $t = \tan 2\theta$ とするとき以下の関係式が成立している．したがって θ の値を求める必要はない．

$$\sin\theta = \mathrm{sgn}(t)\sqrt{\frac{1}{2}\left(1 - 1/\sqrt{1+t^2}\right)} \tag{5.19}$$

$$\cos\theta = \sqrt{\frac{1}{2}\left(1 + 1/\sqrt{1+t^2}\right)} \tag{5.20}$$

5.2.4 ヤコビ法

一般に n 次の行列 A について $U^{-1}AU$ により対角行列に変換する直交行列 U を見出すことは難しい．そこで通常は行列 A を少しずつ変換し，次第に対角行列に近づけていく方法がとられる．すなわち

$$A_0 = A, \qquad U_k^{-1} A_k U_k = A_{k+1} \qquad (k = 0, 1, 2, \cdots) \tag{5.21}$$

なる変換を繰り返して,非対角要素の値を順次小さくして,すべての非対角要素の値がある値 ϵ 以下になったら対角化されたとみなす方法で,ヤコビ(Jacobi)法とよばれる.そのときの対角要素を A の固有値とみなす.ここで

$$\begin{aligned}U^{-1}AU &= U_m^{-1}(U_{m-1}^{-1}\cdots(U_1^{-1}(U_0^{-1}\ A\ U_0)U_1)\cdots U_{m-1})U_m\\&= (U_0U_1\cdots U_{m-1}U_m)^{-1}\ A\ (U_0U_1\cdots U_{m-1}U_m)\end{aligned} \qquad (5.22)$$

であるので,固有値ベクトルは行列 U,すなわち

$$U = U_0U_1\cdots U_{m-1}U_m \qquad (5.23)$$

で与えられる.

したがって問題は各変換において直交行列 U_k をどのように決めるかである.ヤコビ法では行列 A_k のなかで絶対値最大の非対角要素(それを a_{ij} としよう)を直交変換により0にするように,次の直交行列を考える.

ここで,この非対角要素 a_{ij} のことを4章の連立方程式のところで説明したようにピボット(「旋回における際の軸」を意味する)とよぶ.

$$U_k = \begin{pmatrix} 1 & & & & & & & & & & \\ & \ddots & & & & & & & & & \\ & & 1 & & & & & & & & \\ & & & \cos\theta & 0 & \cdots & 0 & \sin\theta & & & \\ & & & 0 & 1 & & & 0 & & & \\ & & & \vdots & & \ddots & & \vdots & & & \\ & & & 0 & & & 1 & 0 & & & \\ & & & -\sin\theta & 0 & \cdots & 0 & \cos\theta & & & \\ & & & & & & & & 1 & & \\ & & & & & & & & & \ddots & \\ & & & & & & & & & & 1 \end{pmatrix} \begin{matrix} \\ \\ \\ \leftarrow 第\,i\,行 \\ \\ \\ \\ \leftarrow 第\,j\,行 \\ \\ \\ \end{matrix}$$

第 i 列 ↓ 　　第 j 列 ↓

$$(5.24)$$

ここで
$$\theta = \frac{1}{2}\arctan\left(\frac{-2a_{ij}}{a_{ii}-a_{jj}}\right) \tag{5.25}$$
また要素の値が示されていない箇所はすべて 0 である. この U_k を用いた直交変換 $U_k^{-1} A_k U_k$ により作られる行列 A_{k+1} の各要素を $^{新}a_{kl}$ と書くと, それらは行列 A_k の要素 a_{kl} を用いて次のような関係がある.

$$\left.\begin{aligned}
^{新}a_{ii} &= a_{ii}\cos^2\theta + a_{jj}\sin^2\theta - 2a_{ij}\sin\theta\cos\theta \\
^{新}a_{jj} &= a_{ii}\sin^2\theta + a_{jj}\cos^2\theta + 2a_{ij}\sin\theta\cos\theta \\
^{新}a_{ij} &= a_{ij}(\cos^2\theta - \sin^2\theta) + (a_{ii}-a_{jj})\sin\theta\cos\theta = 0 \\
^{新}a_{il} &= a_{il}\cos\theta - a_{jl}\sin\theta \quad (l \neq i,j) \\
^{新}a_{jl} &= a_{il}\sin\theta + a_{jl}\cos\theta \quad (l \neq i,j) \\
^{新}a_{lm} &= a_{lm} \quad (l,m \neq i,j)
\end{aligned}\right\} \tag{5.26}$$

この変換により $|^{新}a_{il}|$ や $|^{新}a_{jl}|$ がもとの $|a_{il}|$ や $|a_{jl}|$ よりも大きくなってしまうこともあるが, 非対角要素の 2 乗の和 $\sum_{i \neq j} a_{ij}^2$ は次第に小さくなっていくことが証明されている. このようにして上記の操作を何回も繰り返して得られる, すべての非対角要素が十分小さな値 ϵ よりも小さくなったときの n 個の対角要素 $a_{11}, a_{22}, \cdots, a_{nn}$ が求める固有値である. また, 固有ベクトルは直交行列 $U = U_0 U_1 \cdots$ の各列ベクトルで与えられる.

問題 5.8 $U_0 U_1 \cdots U_{k-1}$ の行列要素を u_{kl} とするとき, 行列 $U_0 U_1 \cdots U_{k-1} U_k$ の行列要素, $^{新}u_{jl}$ はどのように書けるか示せ. ここで行列 U_k は前述のものである.

ヤコビ法のアルゴリズムをまとめると次のようになる.
① 対角化する実対称行列 A の各要素 a_{kl} などの読込み.
② 行列 U を単位行列にセット ($u_{ij} = \delta_{ij}$).
③ 行列 A の非対角要素中で絶対値が最大のもの (a_{ij}) を見つけ, ピボットとする.
④ もし $|a_{ij}| < \epsilon$ なら ⑧ へ.
⑤ 非対角要素 a_{ij} を 0 に変換するような $\tan 2\theta$ を決める.
⑥ $^{新}a_{kl}$ を計算し, 新しい A とする.

⑦ 新u_{kl} を計算し，新しい U とする（③へ戻る）．
⑧ 行列 A の対角要素 $a_{11}, a_{22}, \cdots, a_{nn}$ を小さい順（または大きい順）に並べ換える．
⑨ 上記の並べ換えにともなう行列 U の列の入れ換え．
⑩ 結果の出力．

問題 5.9 上記の手順に従って，ヤコビ法にもとづく実対称行列の対角化プログラムを作れ．

問題 5.10 上記の方法では変換のピボット（pivot）として絶対値最大の非対角要素を選択するとしたが，次元数を n とすると毎回 $n(n-1)/2$ 個の非対角要素のなかから探し出すことになる．これは意外に時間を必要とする処理である．そこで毎回最大値を探し出すことをやめ，1つ絶対値最大を探し出したら，それとある割合以上の大きさをもつ非対角要素をすべてピボットにする方法が考えられる．どのような割合にするかは，行列の性質にもよる．この方法のプログラムを作成し効果を調べてみよ．

問題 5.11 前に記した方法では非対角要素 a_{ij} を0にするため回転角 θ を
$$\tan 2\theta = \frac{-2a_{ij}}{a_{ii} - a_{jj}}$$
で決定したが，これに代えて以下のような小さめな回転角を選ぶことが考えられる．

$$\tan \frac{\theta}{2} = \min\left\{ \frac{-a_{ij}}{2(a_{ii} - a_{jj})},\ \text{sgn}\left(\frac{-a_{ij}}{a_{ii} - a_{jj}}\right) \tan \frac{\pi}{8} \right\} \tag{5.27}$$

この方法ではピボットにした非対角要素 a_{ij} の絶対値を小さくはするが，0にはしない．したがって前述の 新a_{ij} を与える式は以下のように変更する必要が生じる．

$$新a_{ij} = a_{ij}(\cos^2 \theta - \sin^2 \theta) + (a_{ii} - a_{jj}) \sin\theta \cos\theta \tag{5.28}$$

他の要素に関しては，前に示した式と変わらない[17]．

一般に原理を厳格に適用せず，やや緩めに適用することは緩和（relaxation）法とよばれ，数値計算でしばしば用いられる手法である．この方法では $\tan(\theta/2)$ の値を求めればよく，これにより直交変換に必要な $\sin\theta, \cos\theta$ の値は

$$t = \tan\left(\frac{\theta}{2}\right)$$

を用いて

$$\sin\theta = \frac{2t}{1+t^2}, \qquad \cos\theta = \frac{1-t^2}{1+t^2} \tag{5.29}$$

と平方根なしで求められる利点もある．この方法の有効性を実例を用いて調べてみることをすすめたい．

5.3 固有ベクトルの任意性

5.3.1 全体の符号

量子力学で学んだの固有値問題

$$\mathcal{H}\psi = E\psi \tag{5.30}$$

において，固有状態を表す波動関数 ψ が得られたとき，$-\psi$ も上記のシュレーディンガー方程式の解になっていることがわかる．すなわち

$$\mathcal{H}(-\psi) = E(-\psi) \tag{5.31}$$

も成立する．したがってエネルギー E の固有状態を表す波動関数は ψ でも $-\psi$ でもよく，両者は物理的には同じ状態を記述しているので，どちらを採用するかは自由であった．

これに対応したことが行列の固有値問題でも起こる．すなわち

$$A\boldsymbol{u}_i = \lambda_i \boldsymbol{u}_i$$

が成り立てば

$$A(-\boldsymbol{u}_i) = \lambda_i(-\boldsymbol{u}_i)$$

も成立することになるので，固有値 λ_i の固有ベクトルは $\boldsymbol{u}_i$ でも，その各成分の正負を反転させた $-\boldsymbol{u}_i$ でもよいことになる．したがって計算機の出力結果の $\boldsymbol{u}_i$ をそのまま採用せず，その後の考察に際して $-\boldsymbol{u}_i$ を固有ベクトルとして採用してもよい．

また同じ行列の対角化を異なる方法で行った場合には，固有値はすべて一致

すべきであるが，固有ベクトルは符号が反転したものが得られることがある．これは上記の理由によるので，正常なことである．同じヤコビ法を採用した場合でもピボットのとり方の方針が異なった場合には，このような反転が起こることがある．

5.3.2　縮退のある場合

次に縮退のある場合について考えよう．行列 A の固有値を求めたところ，まったく同じ値の固有値があったとしよう．これらを λ_i, λ_{i+1} とし，それぞれの固有ベクトルの計算結果が u_i, u_{i+1} だったとする．このとき

$$A u_i = \lambda_i u_i, \qquad A u_{i+1} = \lambda_{i+1} u_{i+1} \qquad (5.32)$$

が成立するが，もちろんこの2つの固有ベクトルは互いに直交しているのでまったく異なる状態を表している．しかし $\lambda_i = \lambda_{i+1}$ であるので，上の式の固有ベクトルを入れ換えた関係式

$$A u_{i+1} = \lambda_i u_{i+1}, \qquad A u_i = \lambda_{i+1} u_i \qquad (5.33)$$

も成立することになる．したがって固有値 λ_i の固有ベクトルは u_i でも，あるいは u_{i+1} でもよいことになる．さらに考察を進めると，ベクトル u_i, u_{i+1} の1次結合からできる新しいベクトル

$$u'_i = \alpha u_i + \beta u_{i+1}, \qquad u'_{i+1} = \beta u_i - \alpha u_{i+1} \qquad (\alpha^2 + \beta^2 = 1) \quad (5.34)$$

をそれぞれの固有ベクトルとみなせることがわかる．このように縮退のある場合は，計算結果の固有ベクトルをそのまま用いずに，物理的な条件にもとづいて上記の係数 α, β を決め，変換したものを用いることができる．

ここでいう物理的な条件としては，状態をどのような描像でとらえたいかによるが，たとえば，ベクトルの特定な成分をどちらかに集中させ，他のベクトルでは該当成分を 0 にするなどの条件が考えられる．ここにおいて，数値計算の処理に物理学の知識が本質的に関係している典型例をみることができる．

問題 5.12　対応する量子力学の縮退系を考えよう．いま，2次元の調和振動子の第1励起状態を考えよう．これは2重に縮退しているが，これの表現としてどのような組合せが考えられるか．物理的な意味づけも述べよ．

6 3重対角行列とハウスホルダー法

6.1 3重対角行列の固有値

5章の n 個のバネの固有振動を求める問題のように,物理学の固有値問題にはしばしば対角要素とそれと隣り合う要素のみが非0であるような行列が現れる.このような行列を3重対角行列という.しかも多くの場合は次のような実対称行列である.

$$A = \begin{pmatrix} \alpha_1 & \beta_1 & 0 & & \cdots & 0 \\ \beta_1 & \alpha_2 & \beta_2 & 0 & & \\ 0 & \beta_2 & \alpha_3 & \beta_3 & \ddots & \vdots \\ & 0 & \beta_3 & \ddots & \ddots & 0 \\ \vdots & & \ddots & \ddots & \alpha_{n-1} & \beta_{n-1} \\ 0 & & \cdots & 0 & \beta_{n-1} & \alpha_n \end{pmatrix} \quad (6.1)$$

このような行列 A の固有値問題に関しては,一般の行列の場合とは異なり,固有値方程式 $|A-\lambda|=0$ を解くことで固有値を求めるのが有効である.この行列式 $|A-\lambda|$ を改めて書くと以下のようである.

$$|A-\lambda| = \begin{vmatrix} \alpha_1-\lambda & \beta_1 & 0 & & & \\ \beta_1 & \alpha_2-\lambda & \beta_2 & 0 & & \\ 0 & \beta_2 & \alpha_3-\lambda & \beta_3 & \ddots & \\ & 0 & \beta_3 & \ddots & \ddots & 0 \\ & & \ddots & \ddots & \alpha_{n-1}-\lambda & \beta_{n-1} \\ & & & 0 & \beta_{n-1} & \alpha_n-\lambda \end{vmatrix} \quad (6.2)$$

ここで左上の k 行 k 列までの行列式の値を $f_k(\lambda)$ とすると

$$\left.\begin{array}{l} f_0(\lambda) = 1 \\ f_1(\lambda) = \alpha_1 - \lambda \\ f_2(\lambda) = (\alpha_2 - \lambda)f_1(\lambda) - \beta_1^2 f_0(\lambda) \\ \quad \vdots \\ f_k(\lambda) = (\alpha_k - \lambda)f_{k-1}(\lambda) - \beta_{k-1}^2 f_{k-2}(\lambda) \\ \quad \vdots \\ f_n(\lambda) = (\alpha_n - \lambda)f_{n-1}(\lambda) - \beta_{n-1}^2 f_{n-2}(\lambda) \end{array}\right\} \quad (6.3)$$

となるので,$f_n(\lambda) = 0$ なる解を求めればよい.この解を求めるにはスツルムの定理を用いるのが便利である.

6.1.1 スツルムの定理

まずこの定理が適用できる条件を示す.
① $g_0(\lambda)$ は定数である.
② $g_m(\lambda) = 0$ と $g_{m+1}(\lambda) = 0$ は共通の解をもたない.
③ $\lambda = x$ が $g_m(\lambda) = 0$ の解であるとき,$g_{m-1}(x)$ と $g_{m+1}(x)$ は異符号である.

これらの性質を満たした関数列 $g_0(\lambda), g_1(\lambda), g_2(\lambda), \cdots$ をスツルム (Strum) 関数列という.このような関数列に対して次のような定理が成立している.

定理 $g_m(\lambda) = 0$ の区間 $[a, b]$ のなかにある解の数は $L(a) - L(b)$ で与えられる.ここで $L(x)$ とは $g_0(x), g_1(x), g_2(x), \cdots, g_m(x)$ の符号(正負)を左から右へと順に調べていったとき,符号の変化する回数のことである.

これは,スツルムの定理とよばれ,実対称な 3 重対角行列の固有値はこの定理を用いて求めるのが効率的である.

6.1.2 スツルムの定理による 3 重対角行列の固有値の求め方

前述の 3 重対角行列の固有値方程式を与える $f_0(\lambda), f_1(\lambda), f_2(\lambda), \cdots$ はスツルム関数列であることが示される.したがってその固有値をスツルムの定理を

用いて決定することができる.

まず絶対値最大の固有値の存在範囲に関する次の条件を参照しよう.

$$|\lambda_{\max}| \leq \sqrt{\sum_{i,j} a_{ij}^2} \qquad (6.4)$$

したがって今の3重対角行列に対しては

$$c = \sqrt{\sum_{i=1}^{m} \alpha_i^2 + 2\sum_{i=1}^{m-1} \beta^2} \qquad (6.5)$$

とするとき n 個の固有値 $\lambda_1 \leq \lambda_2 \leq \cdots \leq \lambda_n$ は

$$-c \leq \lambda_1, \lambda_2, \cdots, \lambda_n \leq c \qquad (6.6)$$

の範囲にある.

したがって,たとえば最小固有値から求める場合には,まず $a = -c$, $b = c$ としてから b の値を $L(a) - L(b) = 1$ となるまで減少させる.その後は2分法を用いて $b - a \leq \epsilon$ になるように a, b の値を接近させ,λ_1 を決定することができる.他の固有値 $\lambda_2, \lambda_3, \cdots$ も同様に求められる.

問題 6.1 3重対角行列の固有値方程式を与える $f_0(\lambda), f_1(\lambda), f_2(\lambda), \cdots$ はスツルム関数列であることを示せ.

問題 6.2 スツルムの定理を用いて固有値方程式を解くことで,実対称な3重対角行列の固有値を求めるプログラムを作れ.

問題 6.3 上記の方法で固有値 $\lambda_1, \lambda_2, \cdots$ が求められたとき,固有ベクトルを求める方法を考えよ.

6.2 ハウスホルダー法

前節で示したように3重対角行列の固有値問題は比較的容易に解けることがわかった.そこで一般の実対称行列の固有値を求める手段として,まず3重対角行列に直交変換し,その後スツルムの定理などを用いて固有値を求める2段階方式が考えられる.ハウスホルダー(Householder)法は一般の実対称行列を3重対角行列に変換する標準的な手法である.

6.2.1 第 1 行目の変換

ハウスホルダー法は少々複雑な方法である．そこでまず行列 A を次のように変換し，第 1 行の a'_{11}, a'_{12} 要素以外を 0 にするような（したがって第 1 列は a'_{11}, a'_{21} 以外は 0）直交行列 P を求めてみよう．

$$P^{-1}AP = P^{-1}\begin{pmatrix} a_{11} & a_{12} & a_{13} & \cdots & a_{1n} \\ a_{21} & a_{22} & a_{23} & \cdots & a_{2n} \\ a_{31} & a_{32} & a_{33} & \cdots & a_{3n} \\ \vdots & \vdots & \ddots & \ddots & \vdots \\ a_{n1} & a_{n2} & \cdots & \cdots & a_{nn} \end{pmatrix} P$$

$$= \begin{pmatrix} a'_{11} & a'_{12} & 0 & \cdots & 0 \\ a'_{21} & a'_{22} & a'_{23} & \cdots & a'_{2n} \\ 0 & a'_{32} & a'_{33} & \cdots & a'_{3n} \\ \vdots & \vdots & \vdots & \ddots & \vdots \\ 0 & a'_{n2} & a'_{n3} & \cdots & a'_{nn} \end{pmatrix} \quad (6.7)$$

このような変換を第 1 行の 3 重対角化とよぶことにする．ここで行列 P の候補として，行ベクトル $\boldsymbol{p}^t = (0, 1, p_3, p_4, \cdots, p_n)$ を用いて与えられる次のような行列を調べてみよう．

$$P = I - \alpha \boldsymbol{p}\boldsymbol{p}^t = \begin{pmatrix} 1 & 0 & 0 & \cdots & 0 \\ 0 & 1-\alpha & -\alpha p_3 & \cdots & -\alpha p_n \\ 0 & -\alpha p_3 & 1-\alpha p_3 p_3 & \cdots & -\alpha p_3 p_n \\ \vdots & \vdots & \vdots & \ddots & \vdots \\ 0 & -\alpha p_n & -\alpha p_3 p_n & \cdots & 1-\alpha p_n p_n \end{pmatrix} \quad (6.8)$$

ここで

$$\alpha = \frac{2}{1 + \sum_{m=3}^{n} p_m^2} \quad (6.9)$$

とすると，行列 P は直交行列であることが示される（証明してみよ）．$P^{-1}AP$ すなわち PAP がどのようになるかを調べてみよう．まず行列 A を以下のように分解，略記する．

$$A = \begin{pmatrix} a_{11} & a_{12} & \cdots & a_{1n} \\ \hline a_{21} & a_{22} & \cdots & a_{2n} \\ a_{31} & a_{32} & \cdots & a_{3n} \\ \vdots & \vdots & \ddots & \vdots \\ a_{n1} & a_{n2} & \cdots & a_{nn} \end{pmatrix} = \begin{pmatrix} a_{11} & A_{12} \\ \hline A_{21} & A_{22} \end{pmatrix} \quad (6.10)$$

同様に行列 P も

$$P = \begin{pmatrix} 1 & 0 & 0 & \cdots & 0 \\ 0 & 1-\alpha & -\alpha p_3 & \cdots & -\alpha p_n \\ 0 & -\alpha p_3 & 1-\alpha p_3 p_3 & \cdots & -\alpha p_3 p_n \\ \vdots & \vdots & \vdots & \ddots & \vdots \\ 0 & -\alpha p_n & -\alpha p_3 p_n & \cdots & 1-\alpha p_n p_n \end{pmatrix} = \begin{pmatrix} 1 & 0 \\ \hline 0 & P_{22} \end{pmatrix}$$
$$(6.11)$$

と書くことにしよう. すると直交変換 PAP は以下のようになる.

$$PAP = \begin{pmatrix} 1 & 0 \\ \hline 0 & P_{22} \end{pmatrix} \begin{pmatrix} a_{11} & A_{12} \\ \hline A_{21} & A_{22} \end{pmatrix} \begin{pmatrix} 1 & 0 \\ \hline 0 & P_{22} \end{pmatrix}$$

$$= \begin{pmatrix} a'_{11} & A_{12}P_{22} \\ \hline P_{22}A_{21} & P_{22}A_{22}P_{22} \end{pmatrix} \quad (6.12)$$

ここで

$$a'_{11} = a_{11} \quad (6.13)$$

であり, $n-1$ 次元の行ベクトル $A_{12}P_{22} = (a'_{12}, a'_{13}, \cdots, a'_{1n})$ の各成分は, まず

$$a'_{12} = a_{12} - \alpha(a_{12} + a_{13}p_3 + \cdots + a_{1n}p_n) = a_{12} - s \quad (6.14)$$

であり, それ以外の成分は次のように書ける.

$$\left.\begin{aligned}
a'_{12} &= a_{12} - \alpha(a_{12} + a_{13}p_3 + \cdots + a_{1n}p_n) = a_{12} - s \\
a'_{13} &= a_{13} - p_3\alpha(a_{12} + a_{13}p_3 + \cdots + a_{1n}p_n) = a_{13} - sp_3 \\
&\vdots \\
a'_{1m} &= a_{1m} - p_m\alpha(a_{12} + a_{13}p_3 + \cdots + a_{1n}p_n) = a_{1m} - sp_m \\
&\vdots \\
a'_{1n} &= a_{1n} - p_n\alpha(a_{12} + a_{13}p_3 + \cdots + a_{1n}p_n) = a_{1n} - sp_n
\end{aligned}\right\} \quad (6.15)$$

ここで s は

$$s = \alpha(a_{12} + a_{13}p_3 + \cdots + a_{1n}p_n) \tag{6.16}$$

である．上記の結果，$a'_{1m} = 0 \ (m = 3, \cdots, n)$ とするには，$a_{1m} - sp_m = 0$，すなわち

$$p_m = \frac{a_{1m}}{s} \quad (m = 3, \cdots, n) \tag{6.17}$$

と p_m を決定すればよいことがわかる．ここで分母に現れる s は式 (6.16) で定義されているが，直交変換により行ベクトルの大きさは変換により変らないこと，

$$\sum_{i=1}^{n} a_{1i}^2 = a_{11}^2 + a'^2_{12} \tag{6.18}$$

すなわち

$$a'_{12} = \pm\sqrt{\sum_{i=2}^{n} a_{1i}^2} \tag{6.19}$$

および式 (6.14) の関係から，次の式でも与えられる．

$$s = a_{12} - a'_{12} = a_{12} \pm \sqrt{\sum_{i=2}^{n} a_{1i}^2} \tag{6.20}$$

ここで ± の符号はどちらを採用しても原理的にはかまわないが，桁落ちを防ぐために a_{12} の正負 $\mathrm{sgn}(a_{12})$ と同じにすることが望ましい．その結果

$$s = a_{12} + \mathrm{sgn}(a_{12}) \times \sqrt{\sum_{i=2}^{n} a_{1i}^2} \tag{6.21}$$

$$a'_{12} = -\operatorname{sgn}(a_{12}) \times \sqrt{\sum_{i=2}^{n} a_{1i}^2} \qquad (6.22)$$

$$a'_{1m} = 0 \qquad (m = 3, \cdots, n) \qquad (6.23)$$

となる．上記のように s が決定されると，式 (6.17) から p_m ($m = 3, \cdots, n$) が，式 (6.9) から α が求まり，行列 P のすべての要素が決定される．このことから $(n-1) \times (n-1)$ の行列 $P_{22}A_{22}P_{22}$ の計算，すなわち行列要素 $a'_{i,j}$ ($i, j = 2, \cdots, n$) の計算が可能となる．以上が第 1 行（第 1 列）を 3 重対角にする方法である．

引き続いて第 2 行目の 3 重対角化は，$(n-1) \times (n-1)$ の行列 $P_{22}A_{22}P_{22}$ に同様の変換を施すことで行える．このときの直交行列 P は，行ベクトル $\boldsymbol{p}^t = (0, 0, 1, p_4, \cdots, p_n)$ を用いて $P = I - \alpha \boldsymbol{p}\boldsymbol{p}^t$ で与えられる．このような変換を繰り返すことで，3 重対角行列に近づけられることは明らかであろう．

6.2.2 第 k 行目の変換

以上の考察にもとづいてハウスホルダー法による 3 重対角化のやり方を一般的に記そう．行列 A が第 $k-1$ 行まで 3 重対角化され，次に示す行列 $A^{(k-1)}$ のようになっているとき，

$$A^{(k-1)} = \left(\begin{array}{cccc|cccc} a_{11} & a_{12} & 0 & & & \cdots & & 0 \\ a_{21} & \ddots & \ddots & 0 & & \cdots & & 0 \\ 0 & \ddots & a_{k-1k-1} & a_{k-1k} & 0 & \cdots & & 0 \\ & 0 & a_{kk-1} & a_{kk} & a_{kk+1} & \cdots & & a_{kn} \\ \hline & & 0 & a_{k+1k} & a_{k+1k+1} & \cdots & & a_{k+1n} \\ & & 0 & a_{k+2k} & a_{k+2k+1} & \cdots & & a_{k+2n} \\ \vdots & \vdots & \vdots & \vdots & \vdots & & & \vdots \\ 0 & 0 & 0 & a_{nk} & a_{nk+1} & \cdots & & a_{nn} \end{array} \right)$$

$$= \begin{pmatrix} A_{11} & A_{12} \\ \hline A_{21} & A_{22} \end{pmatrix} \tag{6.24}$$

と略記し，n 次元の行ベクトル $\bm{p}^t = (0,\cdots,0,1,p_{k+2},\cdots,p_n)$ としたとき $P_k = I - \alpha(\bm{p}\bm{p}^t)$ で与えられる直交行列 P_k を

$$P_k = \begin{pmatrix} 1 & 0 & \cdots & 0 & \cdots & 0 \\ 0 & \ddots & 0 & 0 & \cdots & 0 \\ \vdots & 0 & 1 & 0 & \cdots & 0 \\ \hline & & 0 & 1-\alpha & -\alpha p_{k+2} & \cdots & -\alpha p_n \\ & & & -\alpha p_{k+2} & 1-\alpha p_{k+2} p_{k+2} & \cdots & -\alpha p_{k+2} p_n \\ \vdots & \vdots & \vdots & \vdots & \vdots & & \vdots \\ 0 & 0 & 0 & -\alpha p_n & -\alpha p_{k+2} p_n & \cdots & 1-\alpha p_n p_n \end{pmatrix}$$

$$= \begin{pmatrix} I & 0 \\ \hline 0 & P_{22} \end{pmatrix} \tag{6.25}$$

と略記すると，直交変換 $P_k A^{(k-1)} P_k$ は，したがって

6.2 ハウスホルダー法

$$P_k A^{(k-1)} P_k = \begin{pmatrix} A_{11} & A_{12}P_{22} \\ \hline P_{22}A_{21} & P_{22}A_{22}P_{22} \end{pmatrix} \quad (6.26)$$

となる．ここで $k \times (n-k)$ の行列 $A_{12}P_{22}$ は

$$A_{12}P_{22} = \begin{pmatrix} 0 & 0 & \cdots & 0 \\ \vdots & \vdots & & \vdots \\ 0 & 0 & \cdots & 0 \\ a'_{k,k+1} & a'_{k,k+2} & \cdots & a'_{k,n} \end{pmatrix} \quad (6.27)$$

ここで第 k 行の行列要素 $a'_{kk+1}, a'_{kk+2}, \cdots, a'_{kn}$ は次の式で与えられる．

$$\left.\begin{aligned} a'_{kk+1} &= a_{kk+1} - s \\ a'_{kk+2} &= a_{kk+2} - sp_{k+2} \\ &\vdots \\ a'_{km} &= a_{km} - sp_m \\ &\vdots \\ a'_{kn} &= a_{kn} - sp_n \end{aligned}\right\} \quad (6.28)$$

ここで s は以下の式で与えられる量である．

$$s = \alpha \left(a_{kk+1} + \sum_{m=k+2}^{n} a_{km}p_m \right) \quad (6.29)$$

そこで 第 k 行の3重対角化, すなわち $a'_{km} = 0 \ (m = k+2, \cdots, n)$ とするには

$$p_m = \frac{a_{km}}{s} \quad (6.30)$$

としなければならない．ここで s の値は定義式 (6.29) からではなく，直交変

換で行ベクトルの大きさは不変であること，すなわち

$$\sum_{m=k+1}^{n} a_{km}^2 = \sum_{m=k+1}^{n} a_{km}'^2 = a_{k\,k+1}'^2$$

から求めるのが簡単である．この関係と $a_{k\,k+1}' = a_{k\,k+1} - s$ から，結局

$$s = a_{k\,k+1} \pm \sqrt{\sum_{m=k+1}^{n} a_{km}^2} \qquad (6.31)$$

で与えられる．ここで $\pm$ の符号は桁落ちを防ぐ観点から $a_{k\,k+1}$ の正負に合わせるようにする．すなわち

$$s = a_{k\,k+1} + \mathrm{sgn}(a_{k\,k+1}) \sqrt{\sum_{m=k+1}^{n} a_{km}^2} \qquad (6.32)$$

で与える．これで n 次元の行ベクトル $\boldsymbol{p}^t = (0, \cdots, 0, 1, p_{k+2}, \cdots, p_n)$ が定まり，あとは $(n-k) \times (n-k)$ の行列 $P_{22} A_{22} P_{22}$ の各要素 $a_{i,j}'$ $(i, j = k+2, \cdots, n)$ を計算することで第 k 行まで3重対角化された行列 $A^{(k)}$ が求められたことになる．この操作を操作を繰り返し行い $A^{(n-2)}$ が得られた時点で3重対角化が完成する．

6.2.3 ハウスホルダー法の手順

これまで説明したことをまとめると，ハウスホルダー法による実対称行列 A の3重対角化の手順は以下のように要約できる．

k の値を $k = 1, 2, \cdots, n-3$ と変えながら以下の手順で変換を行い，対角要素 a_{kk}'，非対角要素 $a_{k\,k+1}'$ を求める．なお $A(0) = A$ である．

(1) 直交行列 P_k の決定： すでに得られている行列 $A^{(k-1)}$ の各要素を a_{ij} としたとき，必要な値は以下のように決められる．

① s の計算：

$$s = a_{k\,k+1} + \mathrm{sgn}(a_{k,k+1}) \sqrt{\sum_{m=k+1}^{n} a_{km}^2}$$

② n 次元の行ベクトル $\boldsymbol{p}^t = (0, \cdots, 0, 1, p_{k+2}, \cdots, p_n)$ の計算：

$$p_m = \frac{a_{km}}{s} \quad (m = k+2, k+3, \cdots, n)$$

③ α の計算：

$$\alpha = \frac{2}{1 + \sum_{m=k+2}^{n} p_m^2}$$

これにより式 (6.25) に示した第 k 行を 3 重対角にする直交行列 P_k の要素が必要に応じて計算できるようになった．

（2）行列 $A^{(k)} = P_k A^{(k-1)} P_k$ の決定： 新たに得られる行列 $A^{(k)}$ の要素を a'_{ij} とすると，以下の計算を行えばよい．

① a'_{kk} の計算：

$$a'_{kk} = a_{kk}$$

② a'_{kk+1} の計算：

$$a'_{kk+1} = -\mathrm{sgn}(a_{kk+1}) \sqrt{\sum_{m=k+1}^{n} a_{km}^2}$$

なお，$a'_{k,m} = 0 \, (m = k+2, \cdots, n)$ である．

③ $a'_{ij} \, (i, j = k+1, \cdots, n)$ の計算： 式 (6.24) で与えられる行列 A_{22} と式 (6.25) で与えられる行列 P_{22} を用いて $P_{22} A_{22} P_{22}$ の計算を行い各要素を求める．

以上の手順で行列 A は 3 重対角行列 $A^{(n-2)}$ に変換されたことになる．すなわち次のような直交変換をしたことになる．

$$A^{(n-2)} = P_{n-2} \cdots P_2 P_1 A P_1 P_2 \cdots P_{n-2} \tag{6.33}$$

この 3 重対角行列 $A^{(n-2)}$ の n 個の固有値，$\lambda_1, \cdots, \lambda_n$ は前述のスツルムの定理を用いて求めることができる．この $\lambda_1, \cdots, \lambda_n$ が行列 A の固有値であることは明らかである．

問題 6.4 変換された 3 重対角行列 $A^{(n-2)}$ の固有値 λ_i の固有ベクトルを $\boldsymbol{x}_i$ としたとき，すなわち

$$A^{(n-2)}\bm{x}_i = \lambda_i \bm{x}$$

のとき，もとの行列 A の固有値 λ_i の固有ベクトル $\bm{u}_i$ は

$$\bm{u}_i = P_1 P_2 \cdots P_{n-2} \bm{x}_i$$

で与えられることを示せ．

問題 6.5 ハウスホルダー法による実対称行列の固有値，固有ベクトルを求めるプログラムを作成せよ．

以上に示したハウスホルダー法は，実対称行列の全固有値を求めるのに実用的な方法と考えられている．ここでは基礎的な説明を行ったが，より高度な計算手法に関しては他の文献[18]を参照してほしい．

7 微分方程式の基礎

物理学とはさまざまなモデルを足がかりとして自然現象を理解していくことである．だから，物理学におけるモデルの役割の重要性はいくら強調してもしすぎることはない．そしてそのモデルのほとんどは微分方程式の形で与えられている[*1]．このことからも，微分方程式で与えられている場合は，その性質を詳しく調べることが物理学における理解そのものと直接結びついているといえる．

この章では，独立変数が唯一のもの，すなわち常微分方程式といわれているもので，初期値が与えられているものを扱う．

7.1 解析的に解ける場合

その微分方程式が解析的に解ければ，それはすばらしいことで，われわれに実り豊かな知見を与えてくれる．だから，微分方程式が与えられたら，まず解析的に解けないかを試みるべきである．わざわざこんなことをいうのは，一般にどのような初期条件[*2]に対しても解析的に解けるとはいかない場合でも，ある特殊な初期条件についてなら解けることもあるからである[*3]．それが非現実的な初期条件であってもその微分方程式の性質についての本質的な知見を与えてくれることが多い．

[*1] 他には，確率的な法則で与えられている場合もある．微分方程式で与えられているものを決定論的モデルというのに対し，これは確率論的モデルという．詳しくは10章で論じる．

[*2] ここではある「はじめ」の x_0 を与えたときに y が y_0 の値をとるという初期条件問題（initial value problrem）だけを考える．他の条件として，$x \to \pm\infty$ で $y \to 0$ の場合については 8.2 節で例をあげる．

[*3] このことは，積分において，不定積分が解けなくてもある積分領域の定積分は解けることがあるという事実と対応している．

7.2 解析的に解けない場合

さて，解析的に解けない場合にはどうするか．そこで，ここから述べる数値的解法が重要になってくる．

私たちは現在強力な数学ソフトをもっており，特にグラフィック機能の進歩はすばらしい[*4]．まず，それを使って全体像をつかむのがよい．たとえば，微分方程式が

$$\frac{dy}{dx} = f(x,y), \qquad 初期条件：y(a) = b \qquad (7.1)$$

の形（1階の微分方程式）の場合，まず，この「勾配」$dy/dx = f(x,y)$ を視覚的に平面 (x,y) 上で見ることをすすめる[*5]．手数は掛からないが，その効果は絶大であり，その微分方程式の性質が見通しよく理解されるであろう．そして方程式 (7.1) へ初期条件を与えて1つの解を求めるということが，$dy/dx = f(x,y)$ のなかから1つの可能性を選びとることであるのが容易に理解されるであろう．ここでは，例として

$$\frac{dy}{dx} = x^2 y \qquad (7.2)$$

という微分方程式について，図 7.1 に x,y ともに -2 から $+2$ の範囲で示す．

さらにそこには，初期条件として，$(x,y) = (-1, 0.2)$ の場合の $-1 \le x$ における変動を軌跡として描いてある．最近，この立場の丁寧な解説書が数学アプリケーションソフトの説明書として出ている[19]．

問題 7.1 微分方程式 $dy/dx = \cos y/(2 + \sin x)$ に対応する各点での勾配を図 7.2 に示した．x,y ともに -6 から $+6$ の範囲で描いてある．ここで，初期条件 (x_0, y_0) の値に応じて，変動の仕方が変わる様子を図の上の矢印をなぞることで定性的に理解せよ．

[*4] たとえば Mathematica である．あとがきの文献分類 ⑤ を参照してほしい．
[*5] たとえば Mathematica ではコマンドとして Plot Vector Field を用いるとよい．

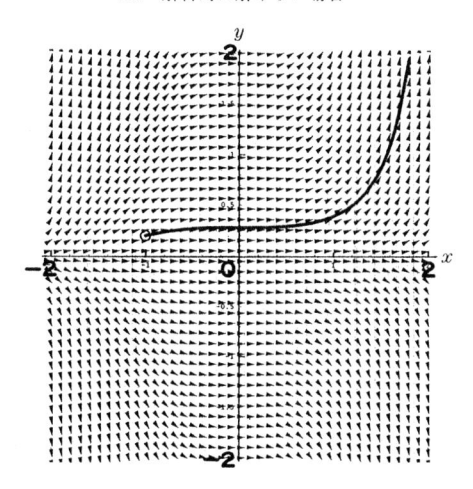

図 7.1 微分方程式 $dy/dx = x^2 y$ における (x, y) 平面各点での勾配とある 1 つの解の軌跡

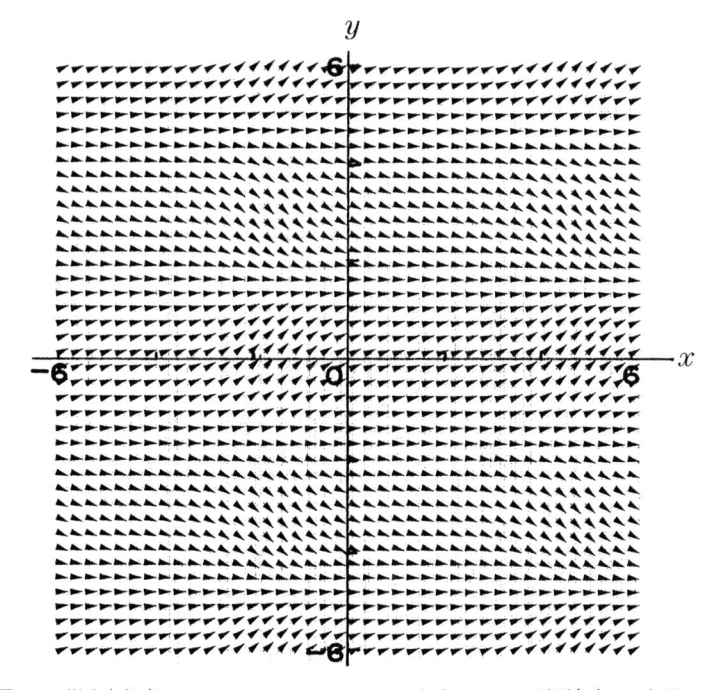

図 7.2 微分方程式 $dy/dx = \cos y/(2 + \sin x)$ における (x, y) 平面各点での勾配

7.3 オイラー法

さて,このようにして $dy/dx = f(y,x)$ についての全体像を頭に入れたあと,実際に数値的に解く方法を探ることになる.主な方法としてはオイラー法とルンゲ–クッタ法の2つである.

オイラー(Euler)法とは微係数を有限な刻み幅での変化量を刻み幅で割ったもので置き換える方法である.式 (7.1) の $dy/dx = f(x,y)$ を例にあげる.今,(x_n, y_n) での勾配 $f(x_n, y_n)$ を用いて (x_{n+1}, y_{n+1}) での値 $f(x_{n+1}, y_{n+1})$ を

$$f(x_n, y_n) + k_r = f(x_n, y_n) + (x_{n+1} - x_n)f(x_n, y_n) \tag{7.3}$$

と定める.すなわち,増分 k_r を $(x_{n+1} - x_n)f(x_n, y_n)$ とするわけである.もちろん,はじめは $(x_{n=0}, y_{n=0}) = (a, b)$ からこの操作を行う.おそらく,誰もがすぐに思いつく方法である.プログラムも簡単である.しかし,この方法は精度を上げることがなかなか難しいのである.というのは,この方法はテイラー展開の1次しかとっていないことになるので,誤差は大まかに見積もって刻み幅 h の2次程度である.しかし,変化を追いかけるということは,それを多数繰り返すことなので,誤差は積もり積もって,容易に h の1次自体に近づくであろう.このことは,刻みを細かくして精度を上げようとしても,必然的に増加する繰り返し数(ステップ数)のため,ある限界以上の精度は無理だということを示している.さらには,刻みを細かくした際に出てくる丸め誤差の成長も2章で述べたように心配である.もはや,信頼のおける結果ではなくなってしまう.

7.4 ルンゲ–クッタ法

そこで,ここではルンゲ–クッタ(Runge–Kutta)法をすすめたい.プログラムが容易な割に誤差の積み重なりを押さえる効果が絶大であることが以下で説明するようにわかる.この方法はルンゲ(Runge)が1895年に発表したものをクッタ(Kutta)が1901年に改良したものである.基本的な方針は,図7.3

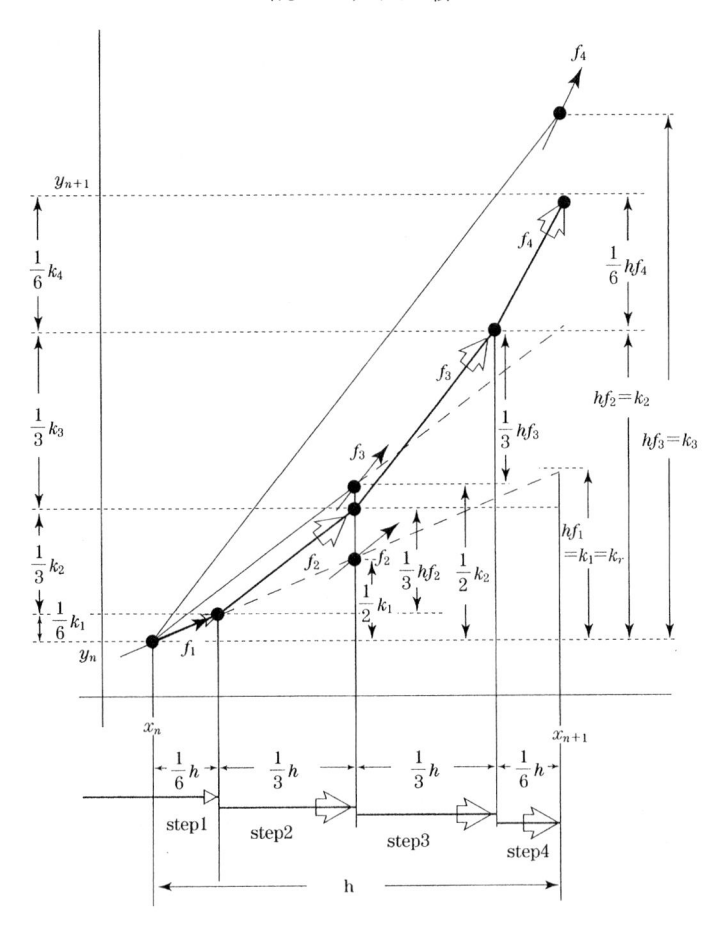

図 7.3 ルンゲ−クッタ法の説明図
計算は白抜きの矢印に従って進んでいく．ここで $f_1 \sim f_4$ は矢印の勾配を示す．

に示したように，変域を分け，途中で勾配の修正をしながら進むというものである．ここで修正の方針は，このまま先に進んだ場合に先で得られるであろう勾配を，先回りして使おうというものである．具体的な原理の説明を以下に述べる．微分方程式としてやはり式 (7.1) の

$$\frac{dy}{dx} = f(x, y)$$

を例にあげる．オイラー法では (x_n, y_n) での勾配 $f(x_n, y_n)$ を用いて (x_{n+1}, y_{n+1}) での値 $f(x_{n+1}, y_{n+1})$ を $f(x_n, y_n) + hf(x_n, y_n)$, すなわち $k_r = hf(x_n, y_n)$ と定めるのであった．ここで式 (7.3) での $(x_{n+1} - x_n)$ を刻み幅とよび，h とおいている．また，この節では k_r を k_1 と記す．

ルンゲ-クッタ法（正確には 4 次の式）では，x の変域 h を 4 つの step に分ける．ここからは特に図 7.3 を丁寧に見ながら文字どおり step by step に理解してほしい．ここでは step1 で $h/6$, step2 で $h/3$, step3 で $h/3$, step4 で $h/6$ 進むとする．はじめの step1 はオイラー法と同じく (x_n, y_n) での勾配 $f(x_n, y_n)$ で進む（この勾配を f_1 とおく）．その次の step2 は先を予想して，このまま step1 と step2 を続けた場合の位置 $(x_n + h/2, y_n + k_1/2)$ での勾配

$$f\left(x_n + \frac{h}{2},\ y_n + \frac{k_1}{2}\right) = f_2 \tag{7.4}$$

を使う．その次の step3 は，はじめの点 $f(x_n, y_n)$ から勾配 f_2 で step1+step2 を実行した場合の点 $(x_n + h/2, y_n + k_2/2)$ での勾配

$$f\left(x_n + \frac{h}{2},\ y_n + \frac{k_2}{2}\right) = f\left(x_n + \frac{h}{2},\ y_n + \frac{hf_2}{2}\right) = f_3 \tag{7.5}$$

の勾配を使って進む．ここで，k_2 は hf_2 であることに注意してほしい．最後の step4 で使う勾配は，この式 (7.5) の勾配 f_3 で (x_n, y_n) から (x_{n+1}, y_{n+1}) へ進んだ場合の (x_{n+1}, y_{n+1}) での勾配

$$f(x_n + h,\ y_n + k_3) = f(x_n + h,\ y_n + hf_3) = f_4 \tag{7.6}$$

を用いる．ここで，k_3 は hf_3 である．以上の操作を式で整理すると

$$y_{n+1} = y_n + \frac{1}{6}k_1 + \frac{1}{3}k_2 + \frac{1}{3}k_3 + \frac{1}{6}k_4 \tag{7.7}$$

となる．k_4 は hf_4 である．結局，$k_1 = hf_1$, $k_2 = hf_2$, $k_3 = hf_3$, $k_4 = hf_4$ を用いると，

$$y_{n+1} = y_n + \frac{1}{6}hf_1 + \frac{1}{3}hf_2 + \frac{1}{3}hf_3 + \frac{1}{6}hf_4 \tag{7.8}$$

と書ける．

ここで，微分方程式の右辺が y によらずに $g(x)$ と書ける場合，つまり，

7.4 ルンゲ–クッタ法

$$\frac{dy}{dx} = g(x) \tag{7.9}$$

の場合は以下のようにして，この方法が 9 章で述べるシンプソン（Simpson）法の積分と同じになることを指摘しておこう．実際，

$$\left.\begin{array}{l} k_1 = hg(x_n) \\ k_2 = hg(x_n + h/2) \\ k_3 = hg(x_n + h/2) \\ k_4 = hg(x_n + h) \end{array}\right\} \tag{7.10}$$

となるので，これを式 (7.7) に代入すると，

$$y_{n+1} - y_n = \frac{hg(x_n)}{6} + \frac{4hg(x_n + h/2)}{6} + \frac{hg(x_n + h)}{6} \tag{7.11}$$

になる．さて式 (7.9) の両辺を，$g(x_{n+1})$ を y_{n+1} とおいて積分すると

$$y(x_{n+1}) - y(x_n) = \int_{x_n}^{x_{n+1}} \left(\frac{dy}{dx}\right) dx = \int_{x_n}^{x_{n+1}} g(x) dx \tag{7.12}$$

と表せる．つまりこの式 (7.12) の左辺が式 (7.11) の右辺で表したことになっている．結局，これは 9.1.2 項で述べるシンプソン法で用いられる式 (9.3) そのものである．

$$\int_{x_n}^{x_{n+1}} g(x) dx = y_n + \frac{Hg(x_n)}{3} + \frac{4Hg(x_n + H)}{3} + \frac{Hg(x_n + 2H)}{3} \tag{7.13}$$

ただし，式 (7.11) での $h/2$ をシンプソン法でよく使われる変数の刻み幅 H とおいた[*6]．

ここで扱ったルンゲ–クッタの式は正確には 4 次のルンゲ–クッタ法とよばれるものである．この場合，関数 f の引数において h と $k_1 \sim k_3$ にかかる係数には任意性があることがわかる．そこでこの係数を変えたものとしてルンゲ–クッタ–ジル（Runge–Kutta–Gill）法があることを指摘しておこう．このほうがいくらか精度が上がることが経験上知られているが，本シリーズとしては，まず，上記の式に習熟することをすすめる．さて，物理学で多く使われる 2 階常微分

[*6] 9 章ではこの基本刻み H を h とおいている．

方程式
$$\frac{d^2y}{dx^2} = F\left(x, y, \frac{dy}{dx}\right) \tag{7.14}$$
の場合を考えよう．F は3つの引数で決まる関数である．そこで，dy/dx を新たな変数 z とおくと，$dz/dx = F(x, y, z)$ という1階の常微分方程式になる．これは，$dy/dx = z$ と合わせて連立の1階常微分方程式ともみなせる．これらは一般的に
$$\frac{dy}{dx} = f_1(x, y, z), \qquad \frac{dz}{dx} = f_2(x, y, z) \tag{7.15}$$
となる．そこで，上記のルンゲ–クッタの方法を y と z の両方の変化に対して適用することにすると，
$$\left.\begin{aligned}
k_1 &= hf_1(x_n, y_n, z_n) \\
q_1 &= hf_2(x_n, y_n, z_n) \\
k_2 &= hf_1(x_n + h/2, y_0 + k_1/2, z_0 + q_1/2) \\
q_2 &= hf_2(x_n + h/2, y_0 + k_1/2, z_0 + q_1/2) \\
k_3 &= hf_1(x_n + h/2, y_0 + k_2/2, z_0 + q_2/2) \\
q_3 &= hf_2(x_n + h/2, y_0 + k_2/2, z_0 + q_2/2) \\
k_4 &= hf_1(x_n + h, y_n + k_3, z_n + q_3) \\
q_4 &= hf_2(x_n + h, y_n + k_3, z_n + q_3)
\end{aligned}\right\} \tag{7.16}$$
となることがわかり，結局次式を得る．
$$\left.\begin{aligned}
y(x_n + h) &= y(x_n) + k_1/6 + k_2/3 + k_3/3 + k_4/6 \\
z(x_n + h) &= y(x_n) + q_1/6 + q_2/3 + q_3/3 + q_4/6
\end{aligned}\right\} \tag{7.17}$$
これによって，2階の微分方程式がルンゲ–クッタ法で解くことが可能になることがわかるであろう．3階以上の微分方程式も，連立する方程式の数が増すだけなので同様に処置できる[24]．

ここで述べたルンゲ–クッタ法はテイラー展開と4次までの範囲で一致する．すなわち，誤差は刻み h の5次から生じる．このことは，さらにテイラー展開の6次までを一致させる方法も考えつく．実際これはルンゲ–クッタ法6次公式といわれている．これを使うのには精度などについてもっと詳細な検討が必要であり，本シリーズでは議論を省略する．

7.5 誤差の爆発

やはり，対象とする微分方程式の全体的性質をつかみ，何をどこまで知りたいかを考えることが大切である．何でもオイラー法ですませるとか，常に次数の高いルンゲ–クッタ法とかいう思い込みはよくないのである．特にオイラー法で刻みを細かくすると，丸め誤差がたまりやすい．そのたまった誤差は得られる解を真の解とはまったく別のものにしてしまうおそれがある．また，ルンゲ–クッタ法も万能でない．ステップ幅が，考えている方程式のもつ解の最高振動数のもつ周期に近づくほど大きくしてしまうと，真の解とはまったく違う挙動をするようになる．それは，ステップ幅の中に振動波長の半分近くが入ってしまうと，ルンゲ–クッタ法によってその幅の中で関数の勾配の変化を追いかけることがそもそも無意味になってしまうからである．この場合真の解ではありえない発散的振る舞いが起こることもある．これは誤差の爆発とよばれており，間違った物理的描像を描いてしまわないように注意が必要である．特に，数値計算アプリケーションソフトを使う際に用心すべきことである．具体的な，チェック法はステップの幅を2倍にしても，結果が得たい精度の範囲内で変らないことを判定条件とするとよい．そして，ステップ幅の中に最高振動数（すなわち，最短波長）のもつ波長の1/8が入り込むと，結果はかなり怪しいということを覚えておこう．

ここで，例をあげよう．ロジスティック方程式（logistic equation）とよばれているもので

$$\frac{dy}{dx} = y(1-y), \qquad y(0) = 0.5 \tag{7.18}$$

の形である．この解析解は明らかに

$$y = \frac{\exp(x)}{1+\exp(x)} \tag{7.19}$$

である．これは式 (7.18) を式 (7.19) へ代入することによって容易に確かめられる．この解の振る舞いを図 7.4 に示す．しかしながら，これは式 (7.18) を数値

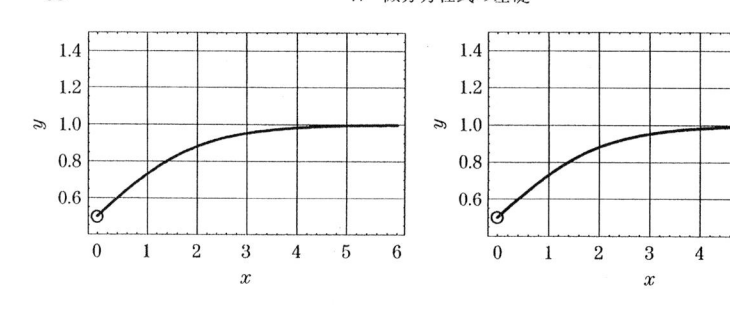

図 7.4 微分方程式の例としてのロジスティック方程式の解

図 7.5 ロジスティック方程式において得られた間違った解

的に解かせると,ステップ幅のとり方によっては図 7.5 のようなおかしな (華やかな) 振る舞いになる. この振る舞いは偽物なのである[*7]. なお, 物理学で重要な「微分方程式とフーリエ変換との関係」は 12 章で論じる.

問題 7.2 微分方程式 (7.18) を数値的に解いてみよ. また, ステップ幅のとり方をどの程度にすると, 図 7.5 のようなおかしな振る舞いが発生するかを論ぜよ.

[*7)] [戸川隼人 (1980)] に詳しい説明がある[20)].

8 微分方程式の応用

8.1 非線形の微分方程式の応用としての塩水振動子

この章では，非線形の微分方程式の応用として塩水振動子を論じてみよう[21]．図 8.1 に示したように，塩水を入れた容器（カップ）の底に小さな穴をあけ，大きな容器に入れた真水の上におく．塩水が重く，真水が軽いために非平衡な逆転状態になっている．そのためその逆転が保持される間は，塩水から真水への流れ（落下）と真水から塩水への流れ（吹き上げ）が時間的に交互に起こる．これは時間的に振動を起こす典型的なモデルであり，実験的にも容易に確かめられる[*1]（また，もっと激しくて見やすい振動現象を簡単に作るには，ペットボ

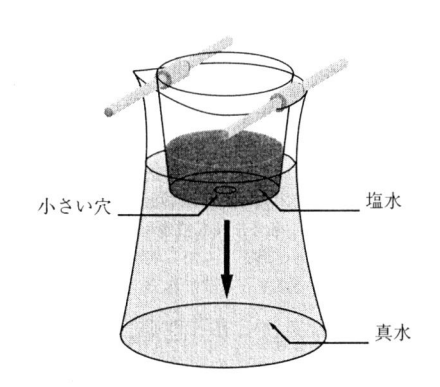

図 8.1 塩水振動子

[*1] 流体力学の桑原邦郎先生はご自分でスーパーコンピュータをお買いになり，その研究所をお作りになったが，その一角に風洞実験装置もお作りになった．「現実に向き合ってこそ巨大な計算のセンスが養える」というのが，先生の持論である．この塩水振動子は，台所の道具で簡単にできる．ぜひ現実の系を作って調べてほしい．蛇足になるが，塩水を入れる小さな容器（カップ）はうがい薬を買うとついてくるプラスチック性のうがい用 100 cc 程度のカップがよい．これだと

トルを使って，その先にストローをつけたものがよい．ここへ水を入れて逆さにすると水の下への流れと空気の上への流れが交互に起こって，同様の振動現象が見られる[*2])．

ここで対象とする方程式は非線形で流れの方向が上向きと下向きで異なることに注意してほしい．ここではいままでの変数 x の代わりに時間 t を用いる．上向き，すなわち $f'(t) = dy/dt > 0$ の場合は

$$\frac{d^2y}{dt^2} = b\left(\frac{dy}{dt}\right) - a\left(\frac{dy}{dt}\right)^2 - s_c y \tag{8.1}$$

であり，下向き，すなわち $f'(t) = dy/dt < 0$ の場合

$$\frac{d^2y}{dt^2} = b\left(\frac{dy}{dt}\right) + a\left(\frac{dy}{dt}\right)^2 - cy \tag{8.2}$$

と記述される．これらの2つの方程式は dy/dt の符号によって分けられているので，dy/dt の符号を表す新変数を用いると1つの方程式で書ける[*3)]．上記の2つの式 (8.1), (8.2) の右辺第3項では s_c と c の平均 P（つまり和を半分にしたもの）と差を半分にしたもの Q を作っておき，$-\{P + [y'(t)\text{ の符号}]Q\}$ とすればよい．この右辺第1項は自己触媒効果とよばれる効果で，ひとたび起きた流れを促進する大切な働きをする．第2項は小さな穴を流体が流れるために起こる圧力損失で，塩水でも真水でも同じ働きである．第3項は，穴に働く

底に簡単にキリで穴が空く．真水を入れる大きな容器についても，わざわざビーカーなどを用意する必要はなく，500 cc くらいの水差し（または計量カップ）でよい．そこへ，うがい薬カップをセットする木組みは割り箸とたこ糸（これも料理用に売っている）で自作するとよい．30分もあれば実験が始められる．これを実験とよんだら実験研究者に申し訳ないと考えてしまうほど簡単である．ただし，キリであける穴をどこまで大きくするとよいか（見やすいか）は試行錯誤を30分楽しもう[21)]．

[*2)] ストローをつけるにはバスボンドを使ってストロー以外での空気や水の漏れをなくすことが重要である．ペットボトルは $2l$ 程度の大きいもの，ストローは太さ $7\,\text{mm}$ くらいがよい．長さは栓の位置から上下におのおの $3\,\text{cm}$ くらいがよい．振動現象が始まるまでかなり時間を必要とする場合もある．ひとたび振動現象が起こると水面がストローの端の高さのすぐ上にくるまで安定に繰り返す．実は，実際に作ってボトルを手で持っていると，この系はペットボトルの中の空気の圧力の周期的変化がボトルの形を微妙に変形させる効果がかなり効いていることがわかる．「ペットボトルで生物リズムを考える」（吉川研一, 科学, **68**-2, 1998),「台所で遊ぶ結合振動子の実験」（岡村実奈, 吉川研一, 数理科学, **408**, 1997),「遊び心と非線形物理学」（野村慎一郎, 小平將裕, 大学の物理教育, **2**, 1998) を参照してほしい.

[*3)] たとえば Mathematica では Sign[y'(t)] と書かれることになる．

8.1 非線形の微分方程式の応用としての塩水振動子

圧力に関係しており，s_c は塩水の比重であり，c は真水比重である．前者が後者より大きいことにより，密度の高い食塩が上にあり水が下にあるという非平衡の条件を示している．さて，これを解いた結果を論じよう．はじめは，どちらか水面が高い方が低い方へ向かう流れが生じる．速さに比例する圧力損失による抵抗に対して，自己触媒項は速さの 2 乗のため速さがある程度大きくなると，どんどん加速されることになる．しかしどこまでも，増加し続けるわけにはいかないのである．結果としてその水面が下がって，逆転を促すようになるとブレーキがかかり流れは止まってしまう．そして，次は逆の流れが始まることになる．このサイクルをかなり長く繰り返すことがわかる．

その様子を穴における流体の速度 dy/dt の時間に対する変動として見たのが図 8.2 である．各パラメータの値は $a = 250$, $b = 50$, $s_c = 1.2$, $c = 1$ とした．振動的振る舞いが見られる．また，図 8.3 では水と塩水の比重の違いを大きくして $s_c = 2.0$, $c = 0.2$ とした．波形は崩れて，ナイフの歯を並べたような波形となった．さらに比重の違いを極端に大きくして $s_c = 19.9$, $c = 0.1$ としたのが図 8.4 である．

真水と塩水の系としては非現実的であるが，波形は激しく崩れる．この変化はほとんどの時間，ゆっくりとした下向き流が起こり，ごく短い時間，上向き流が勢いよく起こるという振る舞いを表していて，大変興味深い[*4]．ともに，きわめて小さい初期的な流れによってかなり安定な振動的振る舞いが生じることも見てとれる．

最終的結果として，塩水に真水が入り込み，真水に塩水が入り込むので，どこかでその差が小さくなりこのサイクルは止まってしまうことになる．また，装置においてカップに開けた穴が大きすぎてもこの振動はそもそも起こらず，上昇下降の流れが同時に起こるだけである．大きな穴は，はじめから上向きと下向きの両方が通れるためである．これは，この方程式 (8.1), (8.2) では表せない振る舞いである．

図 8.2 については，12 章「フーリエ変換の基礎」において例として再び使うことになる．そこではこの振る舞いのなかにどのような振動数の成分が含まれ

[*4)] そこで，次の段階として，これらの波形をフーリエ変換して解析してみようという考えが思い浮かぶであろう．それは 11 章で紹介する．

図 **8.2** 塩水振動子の速度の振動 (1)（比重の違いが小さい場合）

図 **8.3** 塩水振動子の速度の振動 (2)（比重の違いが大きい場合）

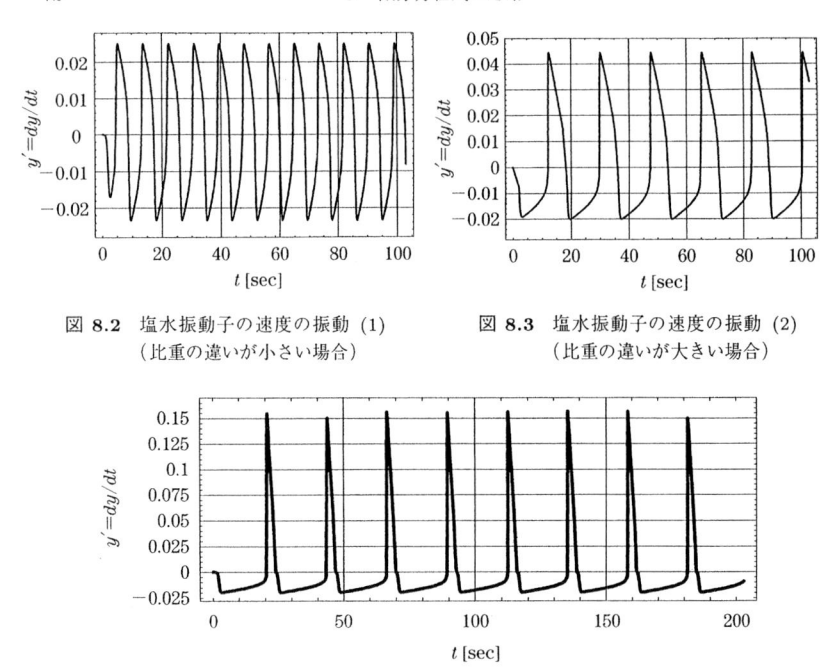

図 **8.4** 塩水振動子の速度の振動 (3)（比重の違いが極端に大きい場合）

ているかが論じられることになる.

8.2 微分方程式を解く問題としての量子力学

シュレーディンガー固有値方程式という微分方程式を解く問題としての量子力学を論じよう. これはたとえば 1 次元系ではポテンシャル $V(x)$ に束縛された質量 m の粒子を記述するものとして,

$$\frac{d^2 y}{dx^2} + \frac{2m}{\hbar^2}\{E - V(x)\}y = 0 \tag{8.3}$$

という方程式を解くことに対応するが, ここで波動関数 $y(x)$ は境界条件を満たしていなければならない. 式 (8.3) において $V(x)$ はポテンシャルであるが, ここでは図 8.5 のような調和型 x^2 と, 非調和型の例として x^4 の形の場合を論ずる.

8.2 微分方程式を解く問題としての量子力学

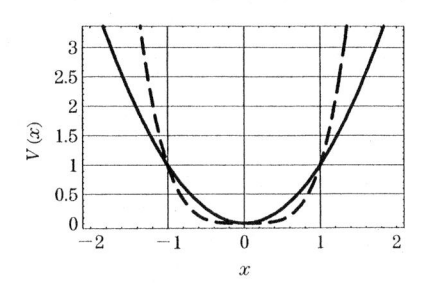

図 8.5 ポテンシャル
実線が x^2, 破線が x^4 を示す.

典型的な例は，$y(x)$ が $-\infty$ および $+\infty$ で 0 という束縛解を求めることである．その条件を満たす E の値がその束縛解がもつ固有値である．そこで，計算機に微分方程式をある E で解かせてみて，y が x の+無限大で 0 に発散している場合はそれが収束するように E を変化させて，$+\infty$ になる値と $-\infty$ になる値での挟み撃ちで決めることができる．求まった固有値をもつ状態が基底状態か，何番目の励起状態かを知りたい場合はその固有関数の節（符号を変えるところ）の数を調べればよい．これはアルゴリズムで調べさせることもできる．この方法は，試行錯誤によって，束縛解の固有状態を追跡していくという教育的説明[22]としての役割は大きかったが，実用性に欠けていた．しかし，計算機の計算速度の向上で，容易に微分方程式の数値解が求まるようになったため，実用的になった．まず調和振動子 $V(x) = m\omega^2 x^2/2$ について実行して，厳密解との比較をして誤差を類推してみる．図 8.6 で示すように，厳密解 $a=1$ を入れてもうまく収束しないことがある（ここで長さは $\sqrt{\hbar/m\omega}$ を単位としてある．図の横軸もこれを単位としている）．ここでの例[*5]では，図 8.7 に示すように，ほんの少し小さい値 0.999999 付近で収束した．このことから計算精度が逆に 10^{-4} から 10^{-5} 程度であることが推測できる．

次に，厳密解析解のわかっていない非調和型（4次）ポテンシャル $V(x) = \alpha x^4$ の場合を実行してみよう．図 8.8, 8.9 に示したように，$a = 1.0604$ 付近で小数点以下 11 桁目の数値の違いによって $+\infty$ あるいは $-\infty$ への発散が生じる[*6]．

[*5] Mathematica (ver.3) を使った．
[*6] やはり Mathematica (ver.3) を用いた．

図 8.6 調和振動子数値解 (1)
($a=1$)

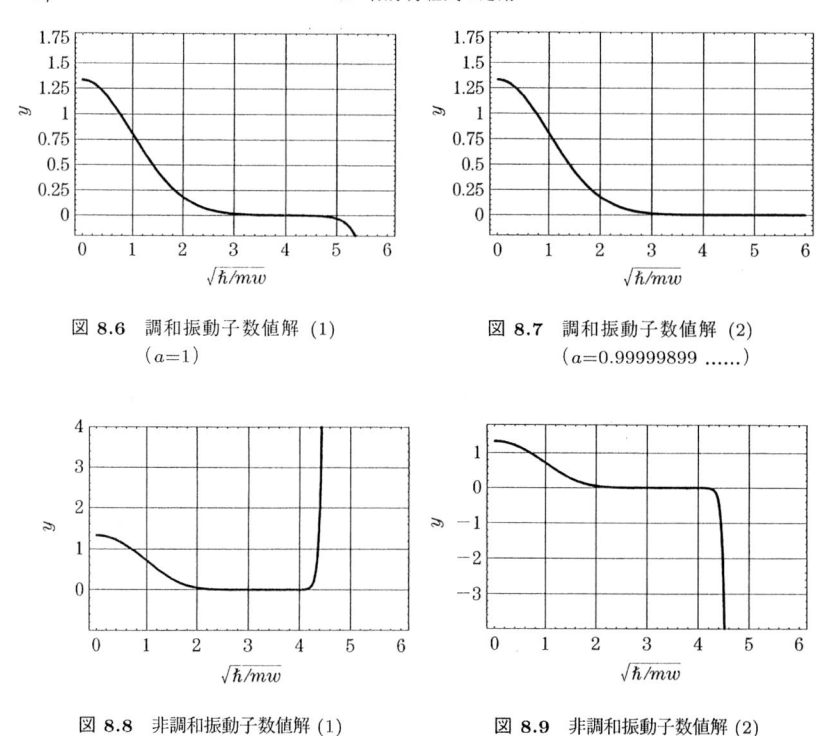

図 8.7 調和振動子数値解 (2)
($a=0.99999899\ldots\ldots$)

図 8.8 非調和振動子数値解 (1)
($a=1.06035598941$)

図 8.9 非調和振動子数値解 (2)
($a=1.06035598942$)

このことより，小数点以下3桁までを正しい結果として $a=1.060$ と評価できる．数値的厳密解は 1.0603……である．このことより，ここで述べた方法の結果は，変分法（これについては本シリーズ『計算物理II』の4章を参照していただきたい）による評価 1.0818 よりもはるかによいといえる．

9 数値積分

積分というのは難しい．特に計算機で数式処理により解を得る方法は，まだまだ未発達な段階にあるといえる．それこそ，いろいろな積分公式集が各研究室でボロボロになっている理由であろう．この事情は，国内だけのことではなく，外国の研究室に日本語の積分公式集（翻訳されていない）が備えられたりしていることもある．計算機で数式処理で結果が出なくても，あきらめずいろいろな公式集を頼りに，いじくってみる価値は十分あるというのが実状である．もし，近くに積分名人という人がいたら相談するとよい．機械（computer）と人間の頭脳は違うのである．片方にとっての難問が，片方の頭ではやさしかったりすることはよく経験するところである．物理学は人間が諸現象を理解し表現するという基本的行為である[1]．物理学が存在し続けるかぎり，解析解の重要性は，いくら数値計算が進歩しても小さくなることはないはずである．

さて，それでもだめなら，数値積分というわけである．

9.1 数値積分の実行

ここで，知りたい値は

$$I = \int_a^b f(x)dx \tag{9.1}$$

である．最近の数学のアプリケーションソフト[2]では命令文を1行加えると[3]ただちに数値積分を始めるようになっている．うれしい時代である．ただし，こ

---
[1] ともかく数値で結果を出すという実用学としての側面がもつ意義を十分認めていることはいうまでもない．
[2] たとえば Mathematica, Matlab.
[3] Mathematica では，はじめに N をつければよい．

の章でも述べるように結果のみをまるごと信じると,落とし穴に落ちることがある.

さて,具体的な方法であるが,台形法とシンプソン法の2つが代表的なものである[*4).しかし,その前にすることがある.それは,まずは被積分関数の性質をよく知ることである.もしも関数に発散点があったら,特に注意が必要である.数値積分自体が発散することはないという場合を計算しているはず[*5)であるが,この関数の発散点の近くは慎重に扱うべきである.数学のアプリケーションソフトがいくら便利でも,結果を単純に信じ込むとひどい目にあうことがある[*6).特に,物理学モデルに現れる理論構造として,関数が発散していることこそ,系に本質的な影響を与える起源である(しかしながら,定積分をある領域で実行するとちゃんと収束している場合が多い)という場面こそ重要なのである.

9.1.1 台 形 法

台形法とは,定積分という面積計算を,横軸を等間隔に刻み,台形の集まりとして計算するものである.刻みの両端を結ぶ関数(真の振る舞い)を直線で近似していることになる.刻み幅 h を $(b-a)/n$ で与える.積分の下限 a を x_0 とし,上限 b を x_n とする.その間を等分割した各点は $x_1 = a+h$, $x_2 = a+2h$, $x_3 = a+3h$, $\cdots$, $x_n = a+nh$ である.図 9.1 を見ればこの方法は容易に理解

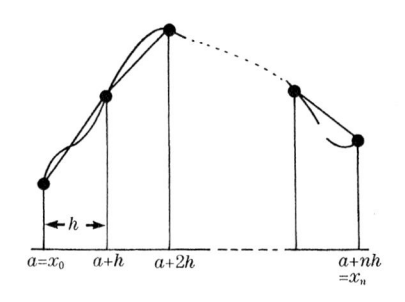

図 9.1 台形法

[*4) 最も単純な区分求積法については 2.3 節において紹介した.
[*5) 発散するはずの積分値を与えてくれる数値積分はありえない.
[*6) Mathematica というソフトは Physica ではない.数学として正しいかどうかの他に,数学と物理学の違いもある.

されるであろう．

一番左の台形の面積は $\{f(x_0) + f(x_1)\} \times (h/2)$ であり，次は $\{f(x_1) + f(x_2)\} \times (h/2)$ となることから，n 個ある台形をすべて集めると次式が得られる．

$$S = \frac{h}{2}\{f(x_0) + 2f(x_1) + 2f(x_2) + \cdots + 2f(x_{n-1}) + f(x_n)\} \quad (9.2)$$

この S の値で，式 (9.1) の値 I を近似するわけである．誤差，すなわち S と I の差は，関数の形が異常でないかぎり，h^2 になり，大きさとしては，$\{h^2(b-a)/12\}f''$ と評価される．ここで，f'' は a, b 間にある x について f の 2 階微分の最大値である．

9.1.2 シンプソン法

それに対して，刻みの両端と中点を結ぶ関数を 2 次曲線で近似したものがシンプソン（Simpson）法である．図 9.2 を参照してほしい．ここで，3 点を結ぶ 2 次曲線は必ず描けるという性質を使っている．ここでは積分区間 $(b-a)$ を $2m$ 等分する．すなわち，$x_0 = a, x_{2m} = b$ である．$x = x_0, x$ 軸，$x = x_2$，$f(x_0), f(x_1), f(x_2)$ を通る 2 次曲線で囲まれた分割された図形の面積 S_1 は問題 9.1 にあげてあるように，

$$S_1 = \frac{h}{3}\{f(x_0) + 4f(x_1) + f(x_2)\} \quad (9.3)$$

となる．同様にして右へ連なる分割された図形の面積は

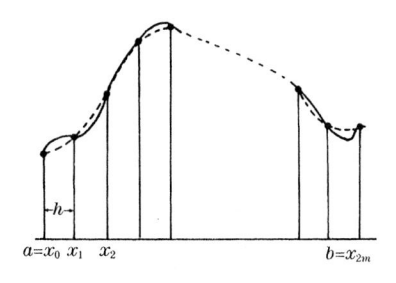

図 9.2 シンプソン法

$$\left.\begin{array}{l}(h/3)\{f(x_2)+4f(x_3)+f(x_4)\}\\(h/3)\{f(x_4)+4f(x_5)+f(x_6)\}\\(h/3)\{f(x_6)+4f(x_7)+f(x_8)\}\\\quad\vdots\\(h/3)\{f(x_{2m-2})+4f(x_{2m-1})+f(x_{2m})\}\end{array}\right\} \quad (9.4)$$

であるので，総和をとると途中は m が奇数の点では係数が 4，偶数の点では係数が 2 となり，結局

$$S = (h/3)[f(x_0) + 4\{f(x_1) + f(x_3) + \cdots + f(x_{2m-1})\}$$
$$+ 2\{f(x_2) + f(x_4) + \cdots + f(x_{2m-2})\} + f(x_{2m})] \quad (9.5)$$

を得る．

問題 9.1 式 (9.3) を示せ．

一般に，先に述べたように，台形法の誤差が h^2 に比例するような関数形の場合はその関数をシンプソン法で実行すると誤差は h^4 になることが，予測される．これは関数の性質に左右される問題なので厳密に証明されているとはいえないのであるがもっともな推論ではある．

9.1.3 刻み幅と誤差

なお，積分の変域の刻み方は等間隔とするのが，アルゴリズム上，楽であるが，もちろん刻み幅が等間隔でなくてもよい．特に変域の中に関数そのものあるいはその微係数の不連続点があるときは，そこが刻みの縁になるように留意すべきである．数値積分は刻みの縁と縁の間を直線（台形法）または 2 次曲線（シンプソン法）で近似しているので，途中での急激な変化を表しにくいのである．変域の中に発散する点がある場合は，その発散の近くでは刻みを特に細かくとるというようなテクニックが必要である．あるいは次の節で述べる変数変換の方法を考えるべきである．すべての領域で刻みを極端に細かくとるというのは，感心できない．計算時間がかかりすぎるだけでなく，多数の和計算で積み重なる丸め誤差が顔を出すおそれがあるからである（丸め誤差については 2 章で論じてある）．必要な精度を考えて，刻みのルールを自作すべきである．

9.2 変数変換法による特異点の回避

被積分関数の性質を調べ，もしも関数に発散点があったら，特に注意が必要である．そのような場合は変数変換によってそれを回避するとうまくいく場合が多い．その基本式はもちろん積分における変数変換公式

$$\int_a^b f(x)dx = \int_{t_a}^{t_b} f(\phi(t)) \left(\frac{d\phi}{dt}\right) dt \tag{9.6}$$

ただし，$t = t_a, t_b$ において $f(\phi(t))$ は a, b となる．さて，この変換を仲介する関数はどのようにとっても数学的にはよいので[*6]，最も計算しやすいものでよい．たとえば，$\phi(t) = 1/t$ とおいた次のような単純な公式が役立つこともある．

$$\int_a^b f(x)dx = \int_{1/b}^{1/a} \frac{f(1/t)}{t^2} dt \tag{9.7}$$

この式は $b \to \infty$ で a が正の有限値または $a \to -\infty$ で b が負の有限値で，かつ $\pm\infty$ に向けて少なくとも $1/x^2$ で減衰する関数について使える．

ここで，もとの被積分関数が図 9.3 で示したような

$$f(x) = \frac{1}{x\sqrt{1-x^2}} \tag{9.8}$$

あるいは，図 9.4 に描いてある

$$f(x) = -\log(\sin \pi x) \tag{9.9}$$

のように $x = 0$ と $x = 1$ で発散点ある場合を考えよう（もし，$x = a$, $x = b$ に発散点がある場合は，適当な変数変換で $x = 0$ と $x = 1$ に発散点をもってくることが可能である）．そのとき，この発散をうまくなくし，結果的にこの発散点付近を丁寧に（細かく）分割してくれる変数変換法として，伊理，森口，高沢の提案した次の関数 $\varphi_{\text{IMT}}(t)$ を用いるものがある．これは伊理–森口–高沢 (Iri–Moriguchi–Takazawa) の方法とよばれている．

[*6] ただし，一価関数で単調なものに選ばないと扱いが難しくなる．

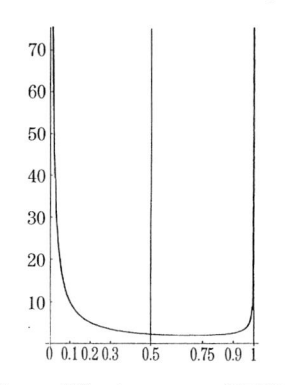

図 9.3 関数 $f(x) = 1/(x\sqrt{1-x^2})$

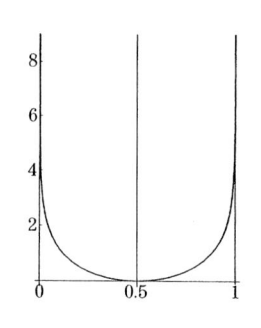

図 9.4 関数 $f(x) = -\log(\sin \pi x)$

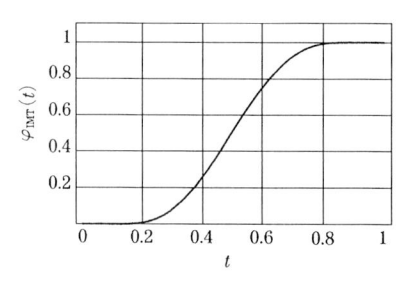

図 9.5 変数 t と $\varphi_{\text{IMT}}(t)$ の関係

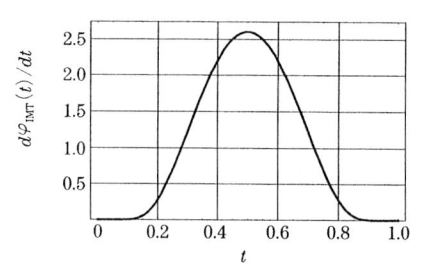

図 9.6 微係数 $d\varphi_{\text{IMT}}(t)/dt$

$$\varphi_{\text{IMT}}(t) = \frac{1}{Q} \int_0^t \exp\left(\frac{-1}{u} - \frac{1}{1-u}\right) du \qquad (9.10)$$

ここで,

$$Q = \int_0^1 \exp\left(\frac{-1}{u} - \frac{1}{1-u}\right) du \qquad (9.11)$$

である.これは,変数 t に対して積分で定義されている関数 $\varphi_{\text{IMT}}(t)$ であり,その形を図 9.5 に示す.この微係数 $d\varphi(t)/dt$ も簡単に求まる.すなわち,$\exp\{(-1/t) - 1/(1-t)\}$ そのものである.これを図 9.6 に示す.

関数 $\varphi_{\text{IMT}}(t)$ も $d\varphi_{\text{IMT}}(t)/dt$ も $t = 0$(すなわち $x = 0$)と $t = 1$(すなわち $x = 1$)付近でなめらかな形でしかも $d\varphi_{\text{IMT}}(t)/dt$ は小さな値となっている.このことは,もとの関数の $x = 0$ と $x = 1$ 付近を式 (9.6) を用いることにより,なめらかに細かな刻みで取り込んでいることを意味している.もとの関

数の発散を巧みに処理して計算しているわけである．

問題 9.2 実際に図 9.3 に描いた，式 (9.8) の関数の定積分

$$\int_{0.01}^{1} f(x) = \int_{0.01}^{1} \frac{1}{x\sqrt{1-x^2}} dx \tag{9.12}$$

および図 9.4 に示した式 (9.9) の定積分

$$\int_{0}^{1} f(x) = \int_{0}^{1} -\log(\sin \pi x) dx \tag{9.13}$$

をこの方法で計算せよ．

さて，仲介関数として，上の関数を一般化したものは特に，IME 関数とよばれている次式の形も提案されている．

$$\psi_{\text{IME}}(t) = \frac{1}{R} \int_{0}^{t} \exp\left\{-a\left(\frac{1}{u^p} - \frac{1}{(1-u)^q}\right)\right\} du \tag{9.14}$$

ここで，

$$R = \int_{0}^{1} \exp\left\{-a\left(\frac{1}{u^p} - \frac{1}{(1-u)^q}\right)\right\} du \tag{9.15}$$

ただし，a は正で，p は正の整数である．これを $a=1$, $p=1$ としたものが，式 (9.10), (9.11) で紹介したものである．この式を用いる方法は特に，台形近似による計算がきわめて精度よくできることが知られている[*7]．

9.3 多重積分

積分が 2 重以上でも，内側の積分から前節までの方法を適用していけば原理的にできる．ただし，多次元空間の中で，関数の性質を調べて，特異性の処理を考えることは一般に容易でない．さらに，内側の積分の範囲が外側の積分変数に依存する場合は，たとえ被積分関数が素直で特異性がなくても領域の形による特異性が発生してしまう．解決法は個々のケーススタディになるが，最近

[*7] この関数と任意の次数の微係数が $u=0$ で の値と $u=1$ での値が一致するという性質が重要である．詳しくは [杉原正顕, 室田一雄 (1994) p.231][23] を参照されたい．

の計算機の発達は，乱数の利用というまったく別の観点からの数値評価を実用的にしている．これについては次章で論ずる．特に 10.1 節は 3 次元空間での積分に関連して 3 重積分を扱うことになる．

9.4 物理学における数値積分

物理学の概念はモデルにもとづいて理解されるが，その多くが微分方程式の形で表現されている．そこで，物理学における理解という行為のなかで，微分方程式に初期条件，境界条件を与えて解くことは重要な位置を占めている．しかし，それが解析的に完全に解けて解が得られることはきわめて少ない．そこで，物理学では，この課題を積分方程式の形に置き換えて論じることになる．代表的なものがグリーン（Green）関数による表記である．問題を厳密に解けなくとも（厳密に解けたらそれはそれですばらしいことで，その研究のある意味での終着点 an end[*8]である）系の性質についての重要な知見を与えてくれる．このような例を考えると，数値積分が物理学において，いかに重要な役割をもつかが，おわかりであろう．ここで，2 章で紹介した Courant と Hilbert の第 2 巻第 5 章を読みとおされることを再びすすめる[7]．微分方程式と積分方程式の関係というものをグリーン関数というキーワードにもとづいて論じている[*9]．

しかも，数値積分は本質的に領域全体としての平均化操作であるので誤差は成長しにくい．これは，本質的に局所的な量のため誤差が成長してとんでもないことを引き起こす微係数計算よりもずっと計算しやすいのである．その意味でも精度よく計算しやすいという実用性もあるのである．

[*8] この不定冠詞 an は重要．あるひとつという意味である．
[*9] グリーン関数と計算物理学の関係については本シリーズの『計算物理 II』で詳しく論ずる．

10

乱 数 の 利 用

　まず,図 10.1 を見てほしい.四角い紙の上にある勝手な閉曲線が描かれている.その閉曲線が囲む面積を求めろといわれたら,前章 (9 章) の方法では,なかなか難しい.それが偶然ある関数で表せることはまずありえない.そこで,ある人は考えた.この上に全重量 [G] のゴマ粒をできるだけ一様になるように振りかける.そして閉曲線の内側のゴマ粒だけを拾い集めてその重量 [g] を量る.そうすれば,[四角い紙の面積]×[g]÷[G] が求めたい面積となるはずである.

　この素朴な方法から,重要なヒントが思い浮かぶ.紙の上に一様な乱数を発生させて,そのたびに G カウンターの数を 1 増やす.それに (x, y) の位置を対応させる.もし,その点が閉曲線の内側なら g カウンター の数を 1 増やす.これを数多く繰り返せば,[紙の面積]× [g カウンターの数]÷[G カウンターの数] が求めたい面積となると期待できる.これがモンテカルロ (Monte Carlo) 法である.モナコにある賭博の町モンテカルロにちなんでこの名前が計算方法につけられた.

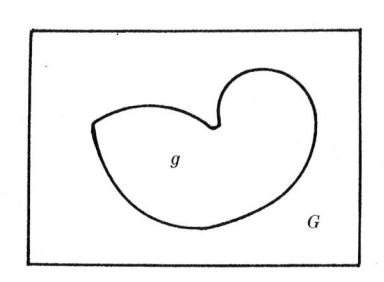

図 10.1　不定形 g の面積計算

10.1 乱数を利用した定積分計算

モンテカルロ法は本質的に面積計算である定積分にすぐに適用できることは詳しく説明するまでもないであろう．全体を覆う一様乱数を発生させ，ほしい部分の面積内に入ったものだけを数えていき，全体にばらまいた数との比をとればよいわけである．ただし，よく数値計算の本で説明されているような1重積分の例は，多くはモンテカルロ法を使うべきではない簡単なものが多い．多重積分で領域が複雑だというような他の方法でとても無理という場合にこそ使ってほしい．2重積分では立体の体積の比，3重積分では4次元空間の超立体の超体積の比を求めることになるが，その拡張はアルゴリズムとしては容易である．このことから，1次元問題をすぐに高次元問題化して多重積分化することが明らかに可能で重要という課題に使うのも結構なことである．

問題 10.1 次の3次元定積分をモンテカルロ法を用いて数値的に求めよ．

$$\int_0^1 \int_0^1 \int_0^1 (x+y-z)dxdydz \tag{10.1}$$

説明は簡単にすむが，計算の精度の上昇にはきわめて多くの時間が必要であることは深刻である．単純な閉曲線でもその面積を3桁の精度で求めるには，10^4 の回数は必要であるが，その精度を1桁上げるためには回数は100倍にする必要があることは，一般的な性質（次節でふれる中心極限定理）である．もちろんこの制約をなんとか打ち破ろうとする方法はいろいろと提案されているが[24]，ここではふれないことにする．

10.2 現実世界を説明するための物理的なモデル

さて，物理学のモデルに乱数を使う計算は，前節のように計算方法の1つである以上の意味をもっている場合がある．我々は現実の世界のある現象を説明するために，物理的なモデルを導入してその構造を調べているわけであるから，もし現実の世界そのものを計算機上で模倣できたら，その理解に別のアプロー

チを得たことになる．現実の世界では，あたかも乱数が発生するようにでたらめに起こっている現象として解釈できる例がきわめて多い．そのような現象に対しては乱数を使って統計的に系の性質を理解することができる．前章まで扱ったものが方程式という決定論的モデル[*1)]にもとづく理解とすれば，それとは別にこのような確率モデルにもとづく理解もありうるのである．

10.2.1 酔歩の問題

たとえば，ある粒子が1ステップである決まった長さだけ進むが，その方向はまったくのランダムとしよう．N ステップ後には粒子はどこにいるのか，という問題を考える．これは「酔っぱらいの歩行」とよばれ，酔歩の問題といわれている[25)]．N が少ないうちは解析的に調べるとよいが[*2)]，N が大きくなるともはや解析的には解けない．この場合は，計算機上でこのルールに従って実行してみると粒子の振る舞いがよくわかるであろう．これが物理学における乱数の典型的利用である．

そこで，はじめ原点にあった粒子が1回のステップで長さ d だけ進むランダムな運動を計算機を用いて，シミュレーションしてみよう．ステップ数として 100 を考える．唯一の試行では全体の長さが $100d$ で，それが 99 回折れ曲がった線が描けるだけである．はじめの点（座標は $(0,0,0)$ とする）および折れ曲がりの点（合わせて 100 点）を各座標上にヒストグラムとして与える．次に，この試行回数（サンプル数とよぼう）を 100 回行う．結果として得られたヒストグラムを図 10.2 に示す．

これは中心に極大があり，ほぼ $10d$ の範囲に分布している．これは，かなり等方的になっており，もっとサンプル数を増すとガウス分布になることが予測される．これはきわめて一般的な性質であって，中心極限定理（central limit theorem，中央極限定理ともいわれている）とよばれているものの典型的な例である．この分布はステップ数の平方根に比例して拡大していく（決してステップ数そのものには比例しない．実際，中心から距離 $12d$ 以上離れている点はほ

[*1)] ここでは決定論な方程式を対象として確率的解釈を行う量子力学の問題ににはふれないことにする．
[*2)] [F. Reif, 小林祐次, 中山壽夫訳 (1977)] の演習問題 1.28, 1.29 に論じられている[25)]．$N=3$ まで解析的に求まる．

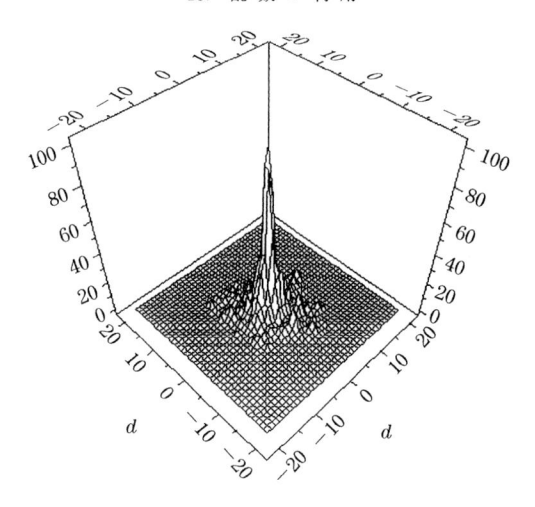

図 10.2　ヒストグラムで示す酔歩の運動の結果

とんど分布がない).この例は,実際の物理系にもよく適用されるが,通常はその場合ステップ数もサンプル数もきわめて多い.そのため,計算機によるシミュレーションがきわめて有用であることがわかる.また,ここへある条件が加わった場合,解析解を求められなくなることが多い.たとえば,上方 ($+z$) へのステップがわずかに起こりやすいという条件が入った場合などである.このような条件下でも,計算機シミュレーションでは,わずかなプログラム上の変更で実行可能となる.このことも,計算機シミュレーションの優れた特徴である.

10.2.2　熱平衡分布の系のモンテカルロシミュレーション

物質凝縮系において,物理学で大変よく用いられる概念に,ある温度 T をもつ熱平衡分布というものがある.この温度 T はボルツマン定数を k_B とすると $k_B T$ というエネルギーに対応している[25].この系でのある物理量 A の熱平均値を求めることを考えよう[26].

対象とする,物質凝縮系は何らかの座標 $q_1, q_2, q_3, \cdots, q_i, \cdots$(一般にはきわめて多数)において状態が記述され,その系に働く相互作用がハミルトニアンで記述されているとする.このとき,与えられた温度 T での,熱平衡でのあ

る物理量 $A(q_1, q_2, q_3, \cdots, q_i, \cdots)$ の平均値の計算はどうしたらよいかという問題を論じよう．その平均値は $q_1, q_2, q_3, \cdots, q_i, \cdots$ の配置 (Q_j) の出現確率 $p_j(q_1, q_2, q_3, \cdots, q_i, \cdots)$ を用いて平均化された量として，

$$\frac{\sum_j A(q_1, q_2, q_3, \cdots, q_i, \cdots) p_j(q_1, q_2, q_3, \cdots, q_i, \cdots)}{\sum_j p_j(q_1, q_2, q_3, \cdots, q_i, \cdots)}$$

で表すのが統計的表現である．この場合，出現確率 $p_j(q_1, q_2, q_3, \cdots, q_i, \cdots)$ はいわゆるカノニカル集団における熱分布

$$\exp\left(\frac{-E(q_1, q_2, q_3, \cdots, q_i, \cdots)}{k_B T}\right)$$

（カノニカル分布）である．このように分布の形がはっきりしている場合は，そもそもそのサンプリング $q_1, q_2, q_3, \cdots, q_i, \cdots$ の配置 (Q_j) を定める際にそのカノニカル分布をそっくり模倣してしまえばよい．このようなサンプリングをメトロポリス法という[26]．

10.2.3 メトロポリス法のアルゴリズム

そこで，アルゴリズムを考える過程を示す意味で箇条書きでこのメトロポリス法の手順を述べよう．

⓪ 与えられた系に対して，初期状態（配置）を決める．つまり，$Q_{j=0}$ に対して，そのエネルギー $E(Q_{j=0})$ を求めておく．

① それを現在のエネルギー E という．

② 乱数によって新しい状態 Q_j を選ぶ．

③ 新しい状態 Q_j におけるエネルギー $E(Q_j)$ を計算する．

④ それから現在のエネルギー E を引いた値 δE を計算する．

⑤ もしも δE が 0 または負ならそれを採用して①へ戻る．さらに次の配置 $(Q_{j'})$ を選ぶことになる．

⑥ もしも δE が正ならボルツマン因子 $\exp(-\delta E/k_{\mathrm{B}}T)$ を求めておき，同時に 0 と 1 の間の一様乱数 r を求める．両者を比較して，$\exp(-\delta E/k_{\mathrm{B}}T)$ が r を越える場合はその新しい配置 (Q_j) を採用し，①へ戻る．そして，さらに次の配置 $(Q_{j'})$ を選ぶことになる．

⑦ それ以外の場合は配置 (Q_j) を採用せず（何も変えずに）②へ戻る．そして，次の配置 ($Q_{j'}$) を選ぶことになる．

⑧ こうした操作を繰り返していると，配置の列 $\{Q_j\}$ が熱分布（カノニカル分布）$\exp(-E(Q_j)/k_B T)$ そのものの分布に近づいていくわけである．ただし，十分に多くの配置 Q_j をサンプルとして調べなくてはならない．

⑨ このループを十分繰り返したのち，配置の列 $\{Q_j\}$ を用いて，物理量 $A(Q)$ の平均値を計算する．

10.3 メトロポリス法を利用したシミュレーション

ここで，メトロポリス法を利用したシミュレーションの例として，三角格子磁性体の古典スピン系の熱平衡分布におけるスピン配行の問題を紹介する．三角格子の格子点に局在スピンがあり，それらはベクトルとして大きさ一定で向きを3次元空間内に自由に変えられる古典的動きが可能であるとする．スピン間の相互作用は以下のハミルトニアンで記述されるとする．

$$H = \sum \left(-2JS_{nx}S_{mx} - 2JS_{ny}S_{my} - 2JS_{nz}S_{mz}\right) \tag{10.2}$$

ここで J は，交換相互作用 J で正なら強磁性相互作用，負なら反強磁性相互作用である．系を特徴づけるのは $J/k_B T$ という量である．座標 q_i にあたるのは各スピンの向きである．そこで i はスピンのラベル j とその向きの極角 θ，方位角 ϕ をもっている．j は格子点を示し，全格子点をとり，θ は0とπ の間，ϕ は0と2π の間をとる．それを指定するわけであるが，向き (θ,ϕ) を定めたときの微小領域（正しくは微小立体角）は $d\theta,d\phi$ ではなく，図10.3で示したように，$\sin\theta d\theta d\phi$ なので，θ を一様乱数でサンプリングする際は注意が必要である．

まず方位角 ϕ に対しての分布は0からπ まで広がっているが，

$$\frac{d\phi}{\int_0^{2\pi} d\varphi} = \frac{d\phi}{2\pi} \tag{10.3}$$

なので，ϕ に対して一様である．そこで，0から1までの一様乱数をとってき

10.3 メトロポリス法を利用したシミュレーション

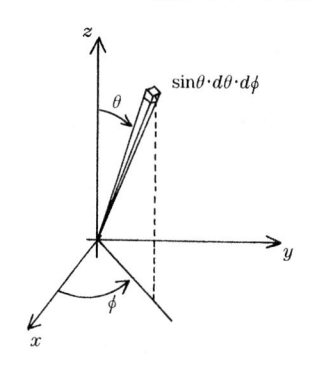

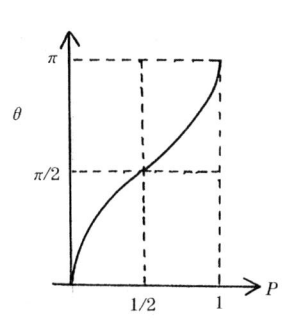

図 10.3 微小立体角

図 10.4 θ と P の関係 ($\theta = \arccos(1-2{\cdot}P)$)

てそれを 2π 倍して，ϕ の値とすればよいのは明らかである．

他方，極角 θ については θ と $\theta + d\theta$ の間にある分布は一様ではなく θ の値 (0 から π までの値をとる) に依存している．それは

$$\frac{\sin\theta d\theta}{\int_0^\pi \sin\theta' d\theta'} = \frac{1}{2}\sin\theta d\theta \tag{10.4}$$

である．これより，0 と 1 の間の一様乱数 P に対して，

$$P = \int_0^\theta \frac{\sin(\theta')}{2} d\theta' = \frac{(1-\cos\theta)}{2} \tag{10.5}$$

なる θ が対応する極角である．これを逆に解くと

$$\theta = \arccos(1 - 2{\cdot}P) \tag{10.6}$$

になる．この関係を図 10.4 に示す．まとめると，いま 0 と 1 の間の一様乱数 P をとってきて，上の式 (10.6) の右辺の P に与えると左辺から，θ についての 0 から π までの重みのかかった分布が得られることになる[*3)]．

実例を示そう．この方法で，サンプリングを 1 万回行ったとき，ある方向へのステップがどう生ずるかを調べたのが図 10.5 である．微妙な「むら」があるものの，ほぼ一様な等方的球面となっていることがわかる．

このようにして採用する θ と ϕ が決まったあとは，10.2.3 項のアルゴリズ

[*3)] これは，$\sin\theta d\theta = -dt$ (ここで $t = \cos\theta$) という変換を施したことになっている．

図 10.5　方向の分布
ほぼ一様な等方的球面となっている．

ムを実行すればよい．

計算結果を図 10.6, 10.7（p.92）に示す．

$|J/k_\mathrm{B}T|$ は 5 とした．この温度では，大まかな最終的パターンは初期配行には依存しないということがわかった．強磁性 ($J > 0$) の場合，図 10.6 のように同じ方向を向いたスピンによるドメイン化が見られたが，その境目として一部に渦の芯ともいえる構造が見られる．他方，反強磁性 ($J < 0$) の場合は図 10.7 に示したように，局所的に 120 度構造[*4)]が作られているが，よく見ると 2 つの最近接スピンが対をなして反平行（180 度）となっている部分も多いことがわかる．さらに，面と垂直な方向のものも多数あることがわかる．これらのパターンはモンテカルロステップを続けていくとどんどん変わっていくが，何か特徴的な量を定義したら，それは維持されていると考えたいという思いがわきあがる．そのような系の特徴を表す量をどう定義するかというのが，次の課題である．

[*4)] 三角格子反強磁性体において，隣り合った格子点のスピンが互いに 120 度の角度をなす構造のことをいう．

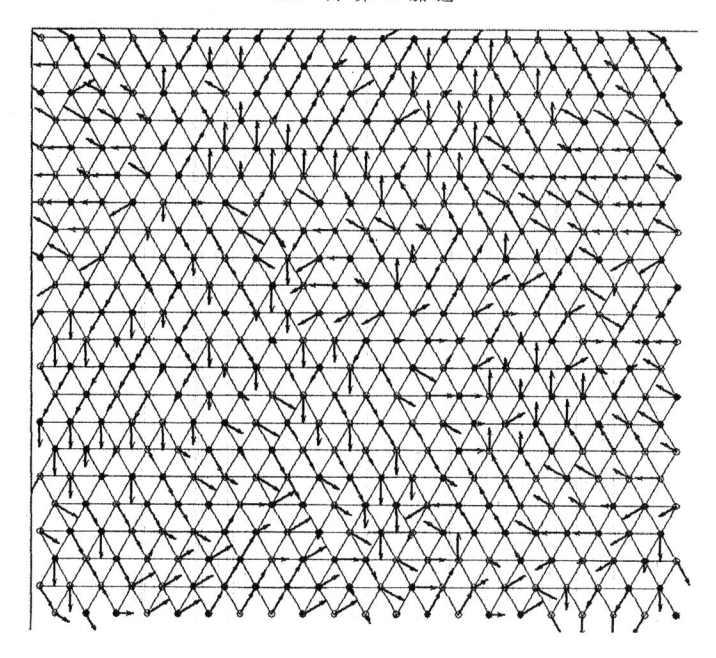

図 10.6　スピンの配行パターン (1)（三角格子強磁性体）

10.4　計 算 の 加 速

　以上は方法として単純なメトロポリス法であったが，これを計算していると，温度が低い場合は実際にはなかなか系に変化を与える候補が現れないことがわかる．つまり，何の変化もしないステップに大部分の時間を使ってしまうのである．そこで，だれでも1回の候補作りで1つのみ変えるだけでなく複数のものを変える方法を考えつくであろう．経験的には，そのような方法を用いて計算能率を高めても，意味のある結果が得られることが多いのであるが，どの方法が本当に許されるかは，その新しい方法で，サンプリングが，あらゆる可能性を網羅しているかどうか（統計力学の言葉ではエルゴード性が満たされているかどうか）が条件となるのである．複数のものをとるとり方に注意しないと，ある部分のみを動いているだけになってこの条件を失うので注意が必要である．

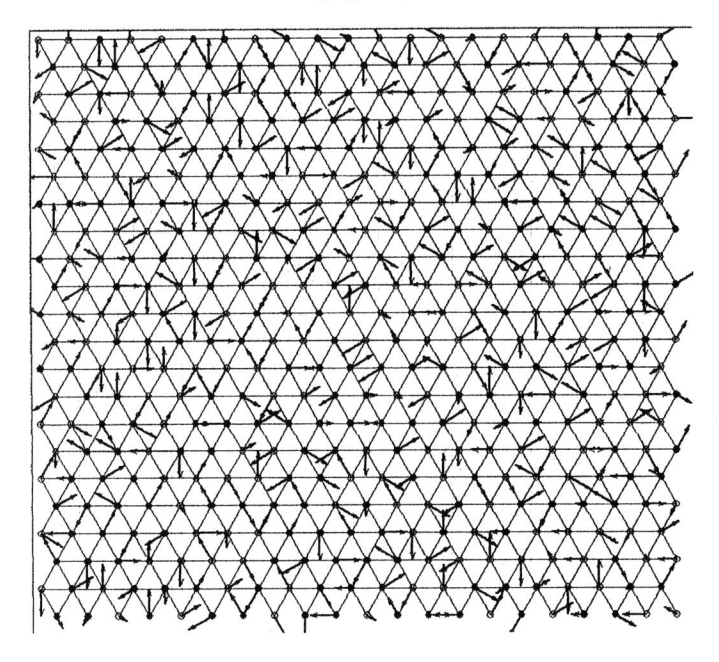

図 10.7 スピンの配行パターン (2)（三角格子反強磁性体）

そして，モンテカルロ法は，本質的にサンプル平均操作をしているので，この条件をある程度ないがしろにしたとしても結果がどの程度妥当かどうかは，得られた結果の物理的描像からの検討という「経験」から逆に判断しなければならないのである．

11

最小2乗法とデータ処理

ある物理量について，ある1つの値が予測されるとしても，それに対する測定値は必ずばらつきがある．測定値の集団の中からわれわれは正しい値として何を得たらよいのか．そしてその値の誤差はどう評価したらよいか．この問題を論じてみよう．

また，ある外部変数（たとえば温度）の変化に応じて，測定値（計算機実験の結果の場合もある）が与えられている際，我々は何かその挙動をうまく表す関数形で記述しようとする場合が多い．その関数形こそ物理学によって系の振る舞いを理解しようとするモデルと密接に関わっている．ここでは，その関数を記述するパラメータをできるだけ精密に決めようという問題を論ずる．

11.1 平均値と誤差

物理学基礎実験において，マイクロメーターを用いて金属円筒の外径を測定したところ下のような値[mm]を得られた場合を考えよう．

測定回数	1	2	3	4	5	6	7	8
測定値	8.91	8.82	8.89	8.91	8.96	8.95	8.90	8.95

これによりどのような結論が得られるであろうか．一般にある量を n 回測定し，$x_1, x_2, \cdots, x_n$ を得たとしよう．これらの測定値 x_i はいろいろな原因でばらつきを生じているが，真の値 X を中心としたガウス分布にもとづいた頻度で得られていると考える．すると測定値の平均 $\bar{x}$ が真の値 X の最良推定値とみなせる．

$$\bar{x} = \frac{1}{n}(x_1 + x_2 + \cdots + x_n) \tag{11.1}$$

測定のばらつきを表す標準偏差は σ は,分散(平均 2 乗誤差)σ^2

$$\sigma^2 = \frac{1}{n}\sum_{i=1}^{n}(x_i - \overline{x})^2 = \frac{1}{n}\sum_{i=1}^{n}x_i^2 - \overline{x}^2 \tag{11.2}$$

から求めることができる[*1].

問題 11.1 n 個の測定値 $x_1, x_2, \cdots, x_n$ から平均値 $\overline{x}$,標準偏差 σ を計算するプログラムを作れ.

11.2 最小 2 乗法

ある物質の電気抵抗の温度変化をホイートストンブリッジを用いて調べた結果が次のような測定値が得られた.

温 度 [°C]	20.0	40.0	60.0	80.0	100
抵抗値 [Ω]	12.55	13.32	14.30	15.75	16.44

これをグラフに描いてみると次の図 11.1 のようになる.この図から抵抗値 R は温度 t の 1 次式すなわち

$$R(t) = a + bt$$

で近似できそうである.ではこのときパラメータ a, b はどのように決定したらよいであろうか.このようなときに用いられるのが最小 2 乗法である.

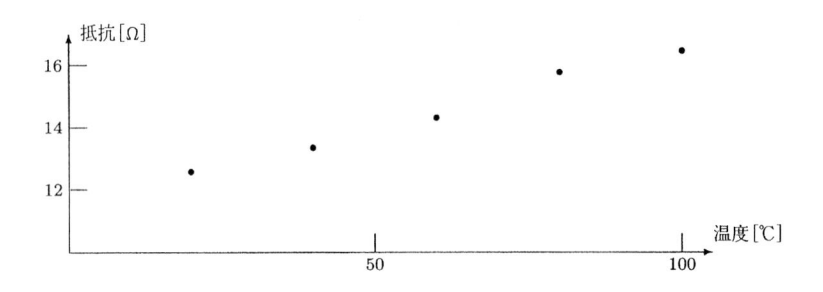

図 11.1 電気抵抗の温度による変化

[*1] より詳しい議論は,専門的な文献を参照してほしい.たとえば,[バーフォード,酒井英行訳 (1997)][27].

11.3 線形モデルの最小2乗法

実験データ $(x_1, y_1), (x_2, y_2), \cdots, (x_n, y_n)$ が得られているとき，y は未知の関数 $y = f(x)$ で与えられると考える．この未知の関数 $f(x)$ をよく知られた関数 $f_1(x), f_2(x), \cdots, f_m(x)$ の1次結合 $F(x)$ で近似できるとしよう．

$$F(x) = a_1 f_1(x) + a_2 f_2(x) + \cdots + a_m f_m(x) \tag{11.3}$$

このようにパラメータの1次式で理論的な近似式とするモデルを線形モデルという．このとき係数 $a_1, a_2, \cdots, a_m$ の値はまだ決定されていないが，独立したパラメータとして以下の方法で決定する．

まず実験データ $(x_1, y_1), (x_2, y_2), \cdots, (x_n, y_n)$ の各点と近似関数 $F(x)$ が $x = x_1, x_2, \cdots, x_n$ で与える値との比較から，残差（＝測定値－計算値）の平方和 R を考えよう．

$$R = \sum_{i=1}^{n} \{y_i - F(x_i)\}^2 \tag{11.4}$$

最小2乗法によるパラメータ $a_1, a_2, \cdots, a_m$ の決定法とは，この R の値を最小にするようにパラメータを決定することである．具体的には以下のようになる．上記の式で $F(x)$ を $f_i(x)$ $(i = 1, \cdots, m)$ で展開することにより R は

$$R = \sum_{i=1}^{n} \{y_i - a_1 f_1(x_i) - a_2 f_2(x_i) - \cdots - a_m f_m(x_i)\}^2 \tag{11.5}$$

と書き直され，R がパラメータ $a_1, a_2, \cdots, a_m$ の関数と見直すことができる．したがって R の値が最小になるのは，各パラメータ a_r $(r = 1, \cdots, m)$ の偏微分が0となるときである．すなわち

$$\begin{aligned}
\frac{\partial R}{\partial a_r} &= \frac{\partial}{\partial a_r} \sum_{i=1}^{n} \{y_i - a_1 f_1(x_i) - a_2 f_2(x_i) - \cdots - a_m f_m(x_i)\}^2 \\
&= -2 \sum_{i=1}^{n} \{y_i - a_1 f_1(x_i) - a_2 f_2(x_i) - \cdots - a_m f_m(x_i)\} f_r(x_i) \\
&= 0
\end{aligned} \tag{11.6}$$

が $r = 1, \cdots, m$ に関して成立するときである．この条件式を書き換えると

$$\sum_{i=1}^n \{a_1 f_1(x_i) f_r(x_i) + a_2 f_2(x_i) f_r(x_i) + \cdots + a_m f_m(x_i) f_r(x_i)\}$$
$$= \sum_{i=1}^n f_r(x_i) y_i \tag{11.7}$$

すなわち

$$a_1 \sum_i f_1(x_i) f_r(x_i) + a_1 \sum_i f_2(x_i) f_r(x_i) + \cdots + a_m \sum_i f_m(x_i) f_r(x_i)$$
$$= \sum_i f_r(x_i) y_i \quad (r = 1, \cdots, m) \tag{11.8}$$

となる．これから求める $a_1, a_2, \cdots, a_m$ の値は，

$$A_{jk} = \sum_{i=1}^n f_j(x_i) f_k(x_i), \quad b_j = \sum_{i=1}^n f_j(x_i) y_i \tag{11.9}$$

と略記すると，次のような m 元連立 1 次方程式（正規方程式）の解で与えられることがわかる．

$$\begin{pmatrix} A_{11} & A_{12} & \cdots & A_{1m} \\ A_{21} & A_{22} & \cdots & A_{2m} \\ & & \vdots & \\ A_{m1} & A_{m2} & \cdots & A_{mm} \end{pmatrix} \begin{pmatrix} a_1 \\ a_2 \\ \vdots \\ a_m \end{pmatrix} = \begin{pmatrix} b_1 \\ b_2 \\ \vdots \\ b_m \end{pmatrix} \tag{11.10}$$

したがって，あとはすでに解説した連立方程式のいろいろな解法を用いて数値を求めればよい．

以上が理論的に予想される線形モデルにおける近似式 $a_1 f_1(x) + a_2 f_2(x) + \cdots + a_m f_m(x)$ の係数 $a_1, a_2, \cdots, a_m$ の最小 2 乗法による決定法である．

問題 11.2 一般に n 個の実験データ $(x_1, y_1), (x_2, y_2), \cdots, (x_n, y_n)$ に対して理論的に予想される近似式 $F(x)$ が l 次多項式，すなわち

$$F(x) = c_0 + c_1 x + c_2 x^2 + \cdots + a_l x^l$$

と近似するとき，線形パラメータ $c_0, c_1, \cdots, c_m$ を決定する連立方程式を示せ．

問題 11.3 11.2 節で示した電気抵抗の温度変化の実験データに対して

$$R(t) = R_0(1 + \alpha t)$$

の近似式を用いて，0 ℃における抵抗値 R_0 ならびに抵抗の温度係数 α を決定せよ．

問題 11.4 水の比熱の温度変化の測定値が次のように得られた．

温　度 [℃]	30.0	40.0	50.0	60.0	70.0	80.0	90.0
比　熱 [J/g·K]	4.1782	4.1783	4.1804	4.1841	4.1893	4.1961	4.2048

比熱の温度変化を表す関数の近似式を $c(T)$ として温度 T の 2 次の多項式，$c(T) = a_0 + a_1 T + a_2 T^2$ を想定し，最小 2 乗法により係数を決定せよ．

11.4 非線形モデルでの最小 2 乗法

前節では近似式がパラメータ $a_1, a_2, \cdots, a_m$ の 1 次結合で書ける場合を考えた．しかし物理現象の多くはもっと複雑である．たとえば減衰振動の時間変化の測定データについて，近似式

$$F(t) = F_0 e^{-\alpha t} \sin \omega t$$

を仮定し，この式に含まれる減衰率 α や角振動数 ω などのパラメータを決定する場合などである．この場合，近似式はパラメータの 1 次結合では書けていない．関数の形は容易に予測されるが，それに含まれるパラメータが決まっていないのである．このような線形モデルと異なるモデルを一般に非線形モデルという．以下，非線形モデルにおけるパラメータ（非線形パラメータ）の決定方法の一例について解説する．

実験データ $(x_1, y_1), (x_2, y_2), \cdots, (x_n, y_n)$ が得られているとき，近似式 $F(x, a_1, a_2, \cdots, a_m)$ で近似できるとする．すると $x = x_i$ のときの測定値 y_i に対応する計算値は，パラメータ $a_1, a_2, \cdots, a_m$ の値がとりあえず与えられていれば求めることができる．この値（すなわちパラメータの初期値）を $a_1^{(0)}, a_2^{(0)}, \cdots, a_m^{(0)}$ としよう．すると測定値と計算値の差（残差）r_i は

$$r_i = y_i - F(x_i, a_1^{(0)}, a_2^{(0)}, \cdots, a_m^{(0)}) \qquad (r = 1, \cdots, n) \qquad (11.11)$$

で, 残差の 2 乗の和 R は

$$R = \sum_{i=1}^{n}(y_i - F(x_i, a_1^{(0)}, a_2^{(0)}, \cdots, a_m^{(0)}))^2 \qquad (11.12)$$

となる. そこで各パラメータの値を少し変え, R をより小さくすることを試みよう. まずパラメータの値を初期値 $\boldsymbol{a}^{(0)} = (a_1^{(0)}, a_2^{(0)}, \cdots, a_m^{(0)})$ から少しだけずれた値 $\boldsymbol{a} = (a_1, a_2, \cdots, a_m)$ にしたとしよう. テイラー展開の 1 次までを考えると, 近似式は

$$\begin{aligned}
F(x, &a_1, a_2, \cdots, a_m) \\
&= F(x, a_1^{(0)}, a_2^{(0)}, \cdots, a_m^{(0)}) + \frac{\partial F}{\partial a_1}(a_1 - a_1^{(0)}) \\
&\quad + \frac{\partial F}{\partial a_2}(a_2 - a_2^{(0)}) + \cdots + \frac{\partial F}{\partial a_m}(a_m - a_m^{(0)})
\end{aligned} \qquad (11.13)$$

となる. そこで

$$\Delta a_j = a_j - a_j^{(0)}$$
$$\frac{\partial F_i}{\partial a_j} = \left(\frac{\partial}{\partial a_j} F(x, a_1^{(0)}, \cdots, a_{j-1}^{(0)}, a_j, a_{j+1}^{(0)} \cdots, a_m^{(0)})\right)_{x=x_i, a_j = a_j^{(0)}}$$

を用いると, 残差の 2 乗和 R は

$$R = \sum_{i=1}^{n}\left(r_i - \frac{\partial F_i}{\partial a_1}\Delta a_1 - \frac{\partial F_i}{\partial a_2}\Delta a_2 - \cdots - \frac{\partial F_i}{\partial a_m}\Delta a_m\right)^2 \qquad (11.14)$$

で書ける. これは R が $\Delta a_1, \Delta a_2, \cdots, \Delta a_m$ の関数とみなせることを示している. そこで R の Δa_j についての偏微分が 0 になる条件式を求めると

$$\frac{\partial R}{\partial \Delta a_j} = -2\sum_i \left(r_i - \frac{\partial F_i}{\partial a_1}\Delta a_1 - \cdots - \frac{\partial F_i}{\partial a_m}\Delta a_m\right)\frac{\partial F_i}{\partial a_j} = 0 \qquad (11.15)$$

したがって次の m 個の条件式が導かれる.

$$\sum_i \left(r_i - \frac{\partial F_i}{\partial a_1}\Delta a_1 - \cdots - \frac{\partial F_i}{\partial a_m}\Delta a_m\right)\frac{\partial F_i}{\partial a_j} = 0$$
$$(j = 1, \cdots, m) \qquad (11.16)$$

11.4 非線形モデルでの最小2乗法

となる．これを $\Delta a_1, \cdots, \Delta a_m$ の1次式として見やすい形に変形すると

$$\sum_i \frac{\partial F_i}{\partial a_1}\frac{\partial F_i}{\partial a_j}\Delta a_1 + \cdots + \sum_i \frac{\partial F_i}{\partial a_m}\frac{\partial F_i}{\partial a_j}\Delta a_m = \sum_i r_i \frac{\partial F_i}{\partial a_j}$$
$$(j = 1, \cdots, m) \tag{11.17}$$

と書け，さらにこの m 個の方程式を行列で表し

$$A_{jk} = \sum_{i=1}^n \frac{\partial F_i}{\partial a_j}\frac{\partial F_i}{\partial a_k}, \qquad b_j = \sum_{i=1}^n r_i \frac{\partial F_i}{\partial a_j}$$

とするとき

$$\begin{pmatrix} A_{11} & A_{12} & \cdots & A_{1m} \\ A_{21} & A_{22} & \cdots & A_{2m} \\ & & \vdots & \\ A_{m1} & A_{m2} & \cdots & A_{mm} \end{pmatrix} \begin{pmatrix} \Delta a_1 \\ \Delta a_2 \\ \vdots \\ \Delta a_m \end{pmatrix} = \begin{pmatrix} b_1 \\ b_2 \\ \vdots \\ b_m \end{pmatrix} \tag{11.18}$$

となる．この正規方程式を解いて得られる $\Delta a_1, \cdots, \Delta a_m$ の値から，より改善されたパラメータの値 $a_1^{(1)}, \cdots, a_m^{(1)}$ が

$$a_j^{(1)} = a_j^{(0)} + \Delta a_j \qquad (j = 1, \cdots, m)$$

から求められる．

以後はこの計算過程を繰り返し，パラメータ値 $\boldsymbol{a}^{(k)}$ が得られたなら式 (11.18) の連立方程式を作り，これを解くことによりパラメータの変化量 $\Delta \boldsymbol{a}$ を決め，これから新しいパラメータ値 $\boldsymbol{a}^{(k+1)} = \boldsymbol{a}^{(k)} + \Delta \boldsymbol{a}$ を得ることができる．そしてパラメータの値が十分収束したら繰り返しを終了し，その値を最適値とする．

このように非線形モデルにおける最小2乗法は，線形モデルのときと異なり，何度も正規方程式を解く必要がある．原理的にはこの反復により最適値が得られそうであるが，パラメータの初期値 $\boldsymbol{a}_{(0)}$ の選び方などによっては必ずしもよい解が得られない場合がある．このため複雑な問題に対する最小2乗法の適用にはいろいろな工夫が必要となる．この点に関しては専門的な文献 [中川　徹，小柳義夫 (1982)][28] を参照してほしい．

本章のしめくくりとして，最後に次のような注意をしたい．

うまくパラメータを選び出すことができなかったらそれは技術的に未熟なためかもしれないが，そもそも用いた関数形，そのもとになるモデルが妥当でなかったのかもしれない．そしてそれが，新しいモデル提案のチャンスかもしれないということも知っておくべきである．

12

フーリエ変換の基礎

　フーリエ級数はフーリエ（Fourier）によって，19世紀初めに提唱された．この級数展開，およびそれにもとづくフーリエ解析法は，その後，物理学をはじめとして理工学のあらゆる分野に使われてきた．特に，20世紀の華やかな量子物理学の発展においては基礎概念を与える道具としてきわめて大きな貢献をした[*1]．これは驚くべきことである．

12.1　フーリエ級数展開とフーリエ積分変換

　このシリーズの物理数学で説明されているが，区間 $(-L, +L)$ の任意の周期関数 $f(x)$ は同じ区間で周期的な関数である三角関数もしくは指数関数の足し合せで次式のように表される．

$$g(x) = \frac{a_0}{2} + \sum_{n=1}^{\infty} a_n \cos\left(\frac{\pi n x}{L}\right) + b_n \sin\left(\frac{\pi n x}{L}\right) \tag{12.1}$$

ここで，

$$a_n = \frac{1}{L}\int_{-L}^{L} g(u)\cos\left(\frac{\pi n u}{L}\right)du \quad (n=0,1,2,3,\cdots) \tag{12.2}$$

であり，また

$$b_n = \frac{1}{L}\int_{-L}^{L} g(u)\sin\left(\frac{\pi n u}{L}\right)du \quad (n=1,2,3,\cdots) \tag{12.3}$$

である．これをフーリエ級数展開という．これにより，周期関数を展開するきわめて有力な方法が与えられた．

[*1] そのあたりの事情は朝永の量子力学のテキスト[29]に詳しく論じてある．著者自身がいわれているように，先をいそがず，じっくり読んでみたい本である．

問題 12.1 $-L$ から $+L$ の間で $g(x) = x$ で与えられ，x の全領域で $2L$ の周期を持つ周期関数をフーリエ級数展開で表せ．これは奇関数なので，sin の項である b_n $(n = 1, 2, 3, \cdots)$ だけで表されることに注意せよ．

問題 12.2 $-L$ から $+L$ の間で $g(x) = |x|$ で与えられ，x の全領域で $2L$ の周期を持つ周期関数をフーリエ級数展開で表せ．これは偶関数なので，定数項 a_0 と，cos の項である $a_n (n = 1, 2, 3, \cdots)$ だけで表されることに注意せよ．

ここで，$\cos(\pi nu/L), \sin(\pi nu/L)$ において n と L を同時に大きくしていくことにより，周期関数ではなく，$-\infty$ から $+\infty$ で定義された一般の関数にもこの変換は可能になる．そして，この $-\infty$ から $+\infty$ で定義されている非周期関数は次のような積分変換の形で表される．これをフーリエ積分変換という．

$$G(f) = \int_{-\infty}^{+\infty} g(t)\exp(2\pi i ft)dt, \quad g(t) = \int_{-\infty}^{+\infty} G(f)\exp(-2\pi i ft)df \tag{12.4}$$

上の式 (12.4) で前者を「フーリエ積分変換」といい，後者を「フーリエ積分逆変換」といういい方もあるが，変数 t, f のうち，特にどちらかの変数を「基本的」と考えず，両方を単に「フーリエ積分変換」とよぶのがよいであろう．

問題 12.3 フーリエ積分変換をしても，関数形が変わらない関数がある．それはガウス関数である．実際に $g(t) = \exp(-\gamma^2 t^2)$ をフーリエ積分変換して確かめよ．ただし，γ は定数である．この性質は統計物理学で特に重要な役割を演ずることがわかるはずである．

問題 12.4 2つの関数 $g(t), h(t)$ がある．ここで，h のある時刻 τ での値を $h(\tau)$ とし，g については t と τ のずれ $t-\tau$ を変数として $g(t-\tau)$ を考える．今，これらの積 $g(t-\tau)h(\tau)$ を τ で $-\infty$ から $+\infty$ まで積分する．得られるものは t の関数 $\psi(t)$

$$\psi(t) = \int_{-\infty}^{+\infty} g(t-\tau)h(\tau)d\tau$$

である．これは $g(t)$ と $h(t)$ の convolution（Faltung, 接合積）とよばれるもので，$g*h$ と表記される．この $\psi(t)$，すなわち $g*h$ を式 (12.4) に従ってフー

リエ積分変換をし，それが $g(t)$ 単独のフーリエ積分変換 $G(f)$ と $h(t)$ 単独のフーリエ積分変換 $H(f)$ とどのような関係にあるかを調べよ．

12.2　三角関数で展開する理由

ここで，前節の定義式 (12.4) が，なぜ三角関数か（同じことだが，なぜ肩が虚数の指数関数か）という問題を考えてみよう．直交関数系の展開という観点からは，必ずしも三角関数，肩が虚数の指数関数である必要はない．他にも「何とか展開級数」「何とか積分変換」はいろいろ考えられるし，事実たくさんある．たとえば，いろいろな長さの矩形のつながりで展開することも原理的に可能である．これについては丁寧な説明のある文献[11)]や計算機の発達を踏まえた新しい考え方を総合的にまとめた文献[30)]を参照されたい．

しかし，やはり三角関数，肩が虚数の指数関数を用いた展開は，特に物理学において，他の「何とか展開級数」「何とか積分変換」とは違う重要な意味がある．量子力学では自由粒子の運動が平面波として記述されるのであり，指数関数，三角関数での展開は「波動現象」を扱う物理学において基本的な意味がある．固体物理学では周期的境界条件のなかの自由粒子の記述として，重要な意味をもっている．それに加えて（あるいはそれに密接に関係して，というべきか），三角関数，指数関数はきわめて素性のよい性質をもっており，実際の計算を大変しやすくしている．それは三角関数，指数関数が 1 回または，2 回の微分で元の関数に戻る（係数が変わるが）という点である．これは自動的に何回微分しても三角関数，指数関数のままであることを意味している．これは，驚くべき性質である（微分のたびに関数形がどんどん変わってしまったらどんなに大変なことであろう）．そして，この性質は，理論計算を見通しよく実行しやすくしているのみならず，数値計算においても，誤差の発生を抑える重要な働きをしているのである．

ここで，関数が 2 回微分でもとに戻ることの意味を基本的な具体例で考えよう．この性質は力学で学ぶ調和振動子に対応している．つまり，

$$\frac{d^2x}{dt^2} + \omega^2 x^2 = 0$$

は2回の微分が元の関数で表せることを示している．他方，電磁気学（マックスウェル電磁気学）で習うように，電磁波は真空中では波動方程式の形となる．これは，むしろ真空のもつ重要な性質として「真空は光を平面波としてエネルギーを減衰させることなく伝える」という働きがあることをいっている．そこで，このような真空中の光を数学的に記述する方法として，真空中に調和振動子を並べておいて次々にその振子を振動させていくという構想がわいてくる．それが光の場の理論の基本的考え方である．そこでもフーリエ級数展開，フーリエ積分変換が大活躍するのは当然のことであろう．

12.3 計算物理としてのフーリエ積分変換

ここでは式 (12.4) のフーリエ積分変換について，計算物理学の立場から論じよう[*2]．時間 t は空間座標 x になることもあり，その場合，振動数 f は空間振動数 ν_R となる．物理学でよく使われる角振動数 ω は振動数 f の 2π 倍であり，波数 k は空間振動数 ν_R の 2π 倍である．以後，時間 t と振動数 f の変換で議論しよう．上の変換の定義は指数関数の肩に 2π をつけるかどうか，もし，つけない場合係数としての 2π をどちらの変換につけるか，あるいは $\sqrt{2\pi}$ を両者につけるかなどさまざまである．この点に十分注意して，6.28 倍もの間違いをしないようにしてほしい．ここでは，式 (12.4) を使う．

12.3.1 離散的フーリエ変換

さて，フーリエ積分変換は関数が解析的に与えられ，それが解析的に積分可能な場合は，計算物理学としての問題点はないであろう．また，解析的に積分できないが任意の変数に対して被積分値が与えられているときは，数値積分問題の一例として扱うべきであろう[*3]．ここで，計算物理学としてのフーリエ積分変換として，問題とすべきは，積分すべきものが，関数の連続的な値ではなく，離散的なデータの集まりとして与えられている場合である．事実，現実の物理

[*2] これについてはスペクトル解析という，物理学のみならず，理工系の全分野において本質的な基礎概念をなしているということを注意しておく[15,31]．
[*3] 数値積分するための誤差の問題はもちろんある．

学の対象とする問題では，多くの場合，得られるデータは離散的な数値データである．しかもそれは有限の個数である．ここで，関数 $g(t)$ の値がある刻み幅 h で刻んだ N 個の点のデータでのみ与えられていて，

$$g_q = g(t_q) \qquad (t_q = qh, \quad q = 0, 1, 2, \cdots, N-1) \qquad (12.5)$$

と表せるとする．この変数の範囲，0 から $h(N-1)$ の間に，この関数から得たいものが十分に入っているのはもちろんのことである．もしそれが不十分しかないとすれば，それを十分にするのはこのテキスト以前の問題であるが[*4]，十分かどうかを判断する方法として，12.3.3項で有限区間効果問題として論ずることにする．

さて，このデータ式 (12.5) に対して上で説明した離散的フーリエ変換を施すと

$$G(f_n) = h \sum_{q=0}^{N-1} g_q \exp\left(\frac{2\pi i q n}{N}\right) \qquad (12.6)$$

ここで，

$$g_q = \frac{1}{N} \sum_{n=0}^{N-1} G_n \exp\left(-\frac{2\pi i q n}{N}\right) \qquad (12.7)$$

である．この式において，振動数 f として得られるのは飛び飛びの値 n/hN ($n = 0, 1, 2, \cdots, N-1$) である．これらの2つの式を見ると，上の式 (12.6) が離散的フーリエ変換であり，下の式 (12.7) が逆離散的フーリエ変換となっているが，両者はきわめて似ていることに気がつく（指数関数のなかにおいては符号が異なるだけである）．これらの式 (12.6), (12.7) で n は $0, 1, 2, \cdots, N-1$ ととったが，右辺の指数関数を見ればそれを $-N/2$ から $N/2$ まで，$-N/2+1, \cdots, N/2-1, N/2$ ととっても同じことなのである．この対応関係を図 12.1 に示す．この図からも明らかなように，後者のとり方では $-N/2$ と $N/2$ が同じであって独立ではない．このことを考えると，独立な点は N 個であって，前者のとり方での 0 から $N-1$ までの個数と一致しているわけである．

この離散的フーリエ変換は，フーリエ積分変換という正しい積分値に対して，近似表現であるが，それによってどのような影響が現れるかをしっかり理解して

[*4] 不十分な基礎データから十分な結果を与える変換方法はない．

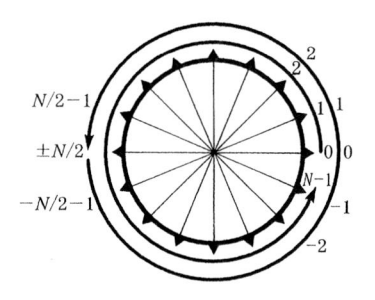

図 12.1 フーリエ変換における成分 N の取り方（$N = 16$ の場合）

おけば，計算物理学としてはきわめて有用な方法なのである．その影響はデータを得る点と次の点の間に有意の刻み幅 h があることによる結果への影響であり，アライアシング問題とよばれている．また，全体の個数 N が有限であることから，計算にとり入れた区間は $h(N-1)$ という有限な値である．この有限性によって引き起こされる問題は，有限区間効果問題として論ずる．

12.3.2 アライアシング問題

離散的フーリエ変換においては，データを得る点と，次の点の間に有意の幅があることにより，刻み h が有限である．そこで，その幅を 1 周期とする高振動数の成分，アライアシング（aliasing）が生じる．図 12.2 に説明図をあげておく．

この図 12.2 は $\sin(2\pi \times 0.15 x)$ と $-\sin\{2\pi(1-0.15)x\}$ を重ねて描いたもので，白丸で表した $x =$ 整数の点では両者は同じ値を与えている．そこで，もし，データ点が白丸のところ（当然間隔 h は 1）のみならば，この 2 つの sin 関数はともにフーリエ成分となることがわかる．すなわち振動数 0.15 の成分の

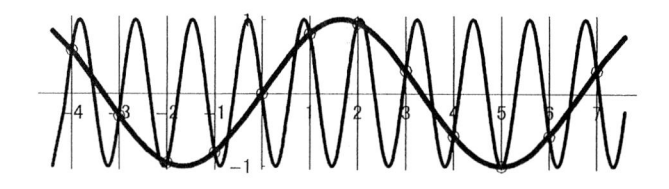

図 12.2 フーリエ変換におけるアライアシングの発生

他に高振動数 $1-0.15$ の成分も現れてくることを意味している．そこで，解析したい（知りたい）振動数（フーリエ成分）がこれ（高振動数）からかけ離れていればよいが，もし近いとすると重大な問題である．$1/2h$ なる折り返し振動数（folding frequency）によって，本物とアライアシングが混じってしまう．次節で実例をあげて説明する．

12.3.3 有限区間効果問題

また，データが有限の区間 $h(N-1)$ にしかないことによる低振動成分も生じる．これは，低振動数カットオフフィルターをつけたことに対応している[*5]．さらに詳しく調べると，これは，本来得たかった振動数にの構造 ν に対して，ν に低振動成分 $1/\{h(N-1)\}$ が加わったり，引いたりするサイドバンドの効果としても見られる．当然，その整数倍のサイドバンドもありうる．ということは，解析される振動数の精度（分解能ともいう）はこの低振動成分の振動数 $1/\{h(N-1)\}$ で決められるといえる[*6]．この事情も次節で実例をあげて詳しく論じよう．

12.4 塩水振動子のフーリエ変換

この数値的（すなわち離散的）フーリエ変喚の具体例として 8 章で論じた塩水振動子をもう一度取り上げよう．8 章で例としてあげた図 8.2 をフーリエ変換してみよう．ここで，このデータは数値として，ある有限の刻み h で切ったものであり，しかも，全体もある有限の時間 T で切りとったものである．この

[*5] ここの事情は [日野幹雄 (1977)] に詳しく論じられている[15]．
[*6] このデータとしての帯域の有限性は，実は自然界の現象の時間変化の解析の限界も示している．すなわち，きわめて低振動数のスペクトルを知るには，きわめて長時間にわたるデータが必要になる．しかし，必ず限界がある（我々の測定が有限の時間であることは当然だが，宇宙スケールの変化を考えてもそれは有限の時間のなかの存在である）．ここに有名な $1/f$ 問題がある．自然界のゆらぎ（雑音）の低振動極限が振動数の逆数に比例していることがさまざまな自然現象の共通の観測結果として知られている．人工的な場合の多くは低振動極限は $1/f^2$ 雑音になっている．これは平衡値があり，それへの進行で記述される場合の特徴である．そこで，自然界の $1/f$ のゆらぎに対しては，本質的に非平衡である宇宙というものが反映した，系の本質的非定常過程のためとする考えもある．詳しくは，この問題の専門研究者による文献[32]を参照してほしい．また，フラクタル理論からのアプローチもある[33]．

図 12.3 塩水振動子の例 (1)
　　　　（細かい刻み $h=0.25\,[\text{sec}]$ の場合）

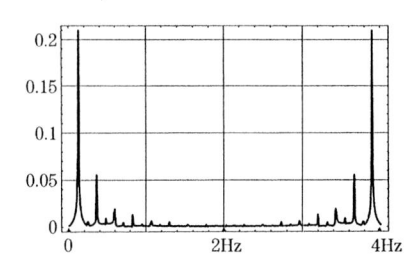

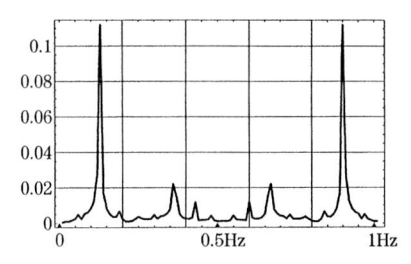

図 12.4 塩水振動子の例 (2)
　　　　（粗い刻み $h=1\,[\text{sec}]$ の場合）

影響によって振動数 $1/h$ のところにアライアシングとよばれる，見かけのスペクトル構造が現れる．図 12.3 は図 8.2 について $h=0.25\,[\text{sec}]$ でフーリエ変換したものであり，図 12.4 は $h=1\,[\text{sec}]$ である．

　図 12.3 では 2 Hz を折り返しとしてアライアシングが発生している．結果として，0.13 Hz のピークから 1.79 Hz のピークが読みとれる．図 8.2 で見られた周期 7～8 sec の波形は 0.13 Hz の成分を反映したものだったのである．他方，図 12.4 では 0.5 Hz を折り返しとしてアライアシングが現れている．結果として，0.13，0.36，0.43 Hz のピークが読みとれるが，0.6 Hz の構造は本物かアライアシングかどうかの識別ができないことがわかる．すなわち，これらのスペクトルの高振動数側の精度限界は $1/2h$ なのである．また，データが 0 から，100 sec までの有限区間 $T=100\,[\text{sec}]$ のなかだけであることによって，振動数 $1/T=0.01\,[\text{Hz}]$ が正しく表せる振動数の限界であることを示している．つまり，このスペクトルの低振動数側の精度限界は $1/T$ なのである．よって高振動数成分の精度限界を上げるためには，刻み h を小さくしなければならない．そして，低振動成分の精度限界を越えるためには，区間の幅 $1/T$ を大きくしていくことが必要なのである．離散的フーリエ変換によって得られる概念（描像）[7] は物理学における理解のために貴重な情報であるけれど，「変換した」というだけでは全体の情報の量は増えていないのである．

---

[7]　たとえばスペクトル分析．

13

フーリエ変換の高速化

関数を離散的フーリエ変換によって表すということは，$(2\pi nm)/N$ 三角関数（指数関数）の足し合せで表すことである．つまり有限の N 項で記述するのであるが，それらの間には三角関数特有の関係がある．それを利用することは昔から行われてきた．たとえば $m+1$ 番目の cos 関数，sin 関数は，m 番目の cos 関数，sin 関数と次の関係がある．

$$\cos\left(\frac{2\pi n(m+1)}{N}\right) = \cos\left(\frac{2\pi nm}{N}\right)\cos\left(\frac{2\pi n}{N}\right) - \sin\left(\frac{2\pi nm}{N}\right)\sin\left(\frac{2\pi n}{N}\right) \tag{13.1}$$

$$\sin\left(\frac{2\pi n(m+1)}{N}\right) = \sin\left(\frac{2\pi nm}{N}\right)\cos\left(\frac{2\pi n}{N}\right) + \cos\left(\frac{2\pi nm}{N}\right)\sin\left(\frac{2\pi n}{N}\right) \tag{13.2}$$

そこで，あらかじめ，$\cos(2\pi n/N), \sin(2\pi n/N)$ を求めておけば $m+1$ 番目の cos 関数，sin 関数は，m 番目の cos 関数，sin 関数から導けることになる．ここでは，これをシステマティックにする方法を紹介する．これによる計算量の節約は絶大であり，計算物理学で 1, 2 を争う実用的方法である．

13.1 高速フーリエ変換の原理

その方法は高速フーリエ変換（FFT）とよばれるものである．特に，N の大きな場合これはきわめて有効に計算量を減らす方法である．さて，指数関数で展開した形

$$C_n = \sum_{m=0}^{N-1} y_m \exp\left(i\frac{2\pi nm}{N}\right) \qquad (n<N) \tag{13.3}$$

を考える．この係数 C_n を偶数項と奇数項に分ける．N は偶数とする．

$$C_n = \sum_{\mu=0}^{N/2-1} \left\{ y_{2\mu} \exp\left(i\frac{2\pi n \cdot 2\mu}{N}\right) + y_{2\mu+1} \exp\left(i\frac{2\pi n(2\mu+1)}{N}\right) \right\}$$

$$= \sum_{\mu=0}^{N/2-1} \left\{ y_{2\mu} \exp\left(i\frac{4\pi n\mu}{N}\right) + y_{2\mu+1} \exp\left(i\frac{4\pi N\mu}{N}\right) \exp\left(i\frac{2\pi n}{N}\right) \right\}$$

$$\equiv D_n + E_n \exp\left(i\frac{2\pi n}{N}\right) \equiv D_n + E_n W_n \tag{13.4}$$

また係数 C_{N-n} は

$$C_{N-n} = \sum_{\mu=0}^{N/2-1} \left\{ y_{2\mu} \exp\left(i\frac{4\pi(N-n)\mu}{N}\right) \right.$$

$$\left. + y_{2\mu+1} \exp\left(i\frac{2\pi(N-n)(2\mu+1)}{N}\right) \right\}$$

$$= \sum_{\mu=0}^{N/2-1} \left\{ y_{2\mu} \exp\left(-i\frac{4\pi n\mu}{N}\right) \right.$$

$$\left. - y_{2\mu+1} \exp\left(-i\frac{4\pi n\mu}{N}\right) \exp\left(-i\frac{2\pi n}{N}\right) \right\}$$

$$= D_n^* + E_n^* \exp\left(-i\frac{2\pi n}{N}\right) = D_n^* + E_n^* W_n^* \tag{13.5}$$

となる．ここで * は複素共役を示す．また，$\exp(i2\pi n/N)$ を W_n とおいた．これにより，係数 C_n はその半分の要素に対するフーリエ展開係数 D_n, E_n で記述できることがわかる．計算量は約 1/2 になるであろう．もしも，全要素数 N が 2 の乗数ならば，この方法はさらに繰り返して使えることになる．これは計算量の大きな節約になる．

一般の場合に則して説明しよう[*1)]．

ここで，我々が計算すべき量は次式である．

$$H_n = \sum_{k=0}^{N-1} W^{nk} h_k \qquad \left(W = e^{i(2\pi/N)}\right) \tag{13.6}$$

これは結局

[*1)] ここからの説明は Press らの本[34, 35)] を参考にして，教科書的にかみ砕いて説明したものである．

13.1 高速フーリエ変換の原理

$$\begin{pmatrix} H_0 \\ H_1 \\ \vdots \\ H_{N-1} \end{pmatrix} = \begin{pmatrix} W^{00} & W^{01} & \ldots & W^{0N-1} \\ W^{10} & W^{11} & \ldots & W^{1N-1} \\ \vdots & \vdots & \ddots & \vdots \\ W^{N-1,0} & W^{N-1,1} & \ldots & W^{N-1,N-1} \end{pmatrix} \begin{pmatrix} h_0 \\ h_1 \\ \vdots \\ h_{N-1} \end{pmatrix} \quad (13.7)$$

を計算することであり,掛け算を $N \times N = N^2$ 回実行することになる[*2)]. しかし N が素数でなく,たとえば 2^ν という形をしていると $N \times \log_2 N = N \log_2 2^\nu = N \times \nu$ となる.これは,特に N が大きい場合,大変な計算の節約になる.それを説明しよう.

さて,いま上記の k を j と書き,各成分 n を q と書こう.

$$\begin{aligned} F_q &= \sum_{j=0}^{N-1} \exp\left(\frac{2\pi i}{N}jq\right) f_j \\ &= \underbrace{\sum_{l=0}^{N/2-1} \exp\left(\frac{2\pi i}{N}2lq\right) f_{k}}_{j=2l} + \underbrace{\sum_{l=0}^{N/2-1} \exp\left(\frac{2\pi i}{N}(2l+1)q\right) f_{2l+1}}_{j=2l+1} \end{aligned}$$

F_q は上のように偶数項と奇数項に分かれる.これを改めて式 (13.8) のように表す.

$$F_q = \underbrace{\sum_{l=0}^{N/2-1} \exp\left(\frac{2\pi i q l}{N/2}\right) f_{2l}}_{\text{偶数(even)項}} + W^q \underbrace{\sum_{l=0}^{N/2-1} \exp\left(\frac{2\pi i q l}{N/2}\right) f_{2l+1}}_{\text{奇数(odd)項}} \quad (13.8)$$

そこで右辺第 1 項を偶数(even)の項として $^\text{e}$ をつけて

$$F_q^\text{e} = \sum_{l=0}^{N/2-1} \exp\left(\frac{2\pi i q l}{N/2}\right) f_{2l}$$

第 2 項を奇数(odd)の項として $^\text{o}$ をつけて

$$F_q^\text{o} = \sum_{l=0}^{N/2-1} \exp\left(\frac{2\pi i q l}{N/2}\right) f_{2l+1} \quad (13.9)$$

[*2)] この因子 W^{nk} を回転因子ともよぶ.これは n,k の変化に応じて複素平面上の中心 $(0,0)$,半径 1 の円周上を移動することから納得できる名前である.

と W^q の積で表すと 0 から $N-1$ まで N 個の q 成分に対して

$$F_q = F_q^{\text{e}} + W^q F_q^{\text{o}} \tag{13.10}$$

となり，おのおのの項は $N/2$ 回の掛け算となっている．

N 個の q について具体的に書くと

$$\begin{pmatrix} F_{q=0}^{\text{e}} \\ F_{q=1}^{\text{e}} \\ \vdots \\ F_{q=N-1}^{\text{e}} \end{pmatrix} = \begin{pmatrix} W^{00} & W^{01} & \cdots & W^{0\frac{N}{2}-1} \\ W^{10} & W^{11} & \cdots & W^{1\frac{N}{2}-1} \\ \vdots & \vdots & \ddots & \vdots \\ W^{N-1,0} & W^{N-1,1} & \cdots & W^{N-1,\frac{N}{2}-1} \end{pmatrix} \begin{pmatrix} f_0 \\ f_2 \\ \vdots \\ f_{N-2} \end{pmatrix}$$

$$\begin{pmatrix} F_{q=0}^{\text{o}} \\ F_{q=1}^{\text{o}} \\ \vdots \\ F_{q=N-1}^{\text{o}} \end{pmatrix} = \begin{pmatrix} W^{00} & W^{01} & \cdots & W^{0\frac{N}{2}-1} \\ W^{10} & W^{11} & \cdots & W^{1\frac{N}{2}-1} \\ \vdots & \vdots & \ddots & \vdots \\ W^{N-1,0} & W^{N-1,1} & \cdots & W^{N-1,\frac{N}{2}-1} \end{pmatrix} \begin{pmatrix} f_1 \\ f_3 \\ \vdots \\ f_{N-1} \end{pmatrix}$$
(13.11)

ここで W^q は外へ出してあるので行列は同型となる．ところが同じ操作はさらに可能で，おのおのの項をさらに $0, 2, 4, \cdots$ 番目の項と $1, 3, 5, \cdots$ 番目の項に分けられる

$$\left. \begin{array}{l} F_q^{\text{e}} \to F_q^{\text{ee}} + W^{2q} F_q^{\text{eo}} \\ F_q^{\text{o}} \to F_q^{\text{oe}} + W^{2q} F_q^{\text{oo}} \end{array} \right\} \tag{13.12}$$

さらに分けると

$$\left. \begin{array}{l} F_q^{\text{ee}} \to F_q^{\text{eee}} + W^{4q} F_q^{\text{eeo}} \\ F_q^{\text{eo}} \to F_q^{\text{eoe}} + W^{4q} F_q^{\text{eoo}} \\ F_q^{\text{oe}} \to F_q^{\text{oee}} + W^{4q} F_q^{\text{oeo}} \\ F_q^{\text{oo}} \to F_q^{\text{ooo}} + W^{4q} F_q^{\text{ooo}} \end{array} \right\} \tag{13.13}$$

以下この操作は同様に続けることができる．

13.2 $N=8$ の場合の具体的表示

ここで，わかりやすくするため $\nu = 3$ ($N = 8$) の場合についてまとめる．

$$F_q = F_q^{\text{eee}} + W^q (F_q^{\text{eeo}} + F_q^{\text{oee}}) + W^{2q} F_q^{\text{eoe}} + W^{3q} F_q^{\text{ooe}}$$

13.2 $N=8$ の場合の具体的表示

$$+W^{5q}F_q^{oeo}+W^{6q}F_q^{eoo}+W^{7q}F_q^{ooo} \tag{13.14}$$

さらにこれらを具体的に行列形で書いておく.ここで W^μ の μ を行列の要素に記した.

$N=8$ なので,以下のようになる.

$$\begin{pmatrix} F_0 \\ F_1 \\ F_2 \\ F_3 \\ F_4 \\ F_5 \\ F_6 \\ F_7 \end{pmatrix} = \begin{pmatrix} 0 & 0 & 0 & 0 & 0 & 0 & 0 & 0 \\ 0 & 1 & 2 & 3 & 4 & 5 & 6 & 7 \\ 0 & 2 & 4 & 6 & 8 & 10 & 12 & 14 \\ 0 & 3 & 6 & 9 & 12 & 15 & 18 & 21 \\ 0 & 4 & 8 & 12 & 16 & 20 & 24 & 28 \\ 0 & 5 & 10 & 15 & 20 & 25 & 30 & 35 \\ 0 & 6 & 12 & 18 & 24 & 30 & 36 & 42 \\ 0 & 7 & 14 & 21 & 28 & 35 & 42 & 49 \end{pmatrix} \begin{pmatrix} f_0 \\ f_1 \\ f_2 \\ f_3 \\ f_4 \\ f_5 \\ f_6 \\ f_7 \end{pmatrix}$$

$$\begin{pmatrix} F_0^e \\ F_1^e \\ F_2^e \\ F_3^e \\ F_4^e \\ F_5^e \\ F_6^e \\ F_7^e \end{pmatrix} = 2 \cdot \begin{pmatrix} 0 & 0 & 0 & 0 \\ 0 & 1 & 2 & 3 \\ 0 & 2 & 4 & 6 \\ 0 & 3 & 6 & 9 \\ 0 & 4 & 8 & 12 \\ 0 & 5 & 10 & 15 \\ 0 & 6 & 12 & 18 \\ 0 & 7 & 14 & 21 \end{pmatrix} \begin{pmatrix} f_0 \\ f_2 \\ f_4 \\ f_6 \end{pmatrix}$$

$$\begin{pmatrix} F_0^o \\ F_1^o \\ F_2^o \\ F_3^o \\ F_4^o \\ F_5^o \\ F_6^o \\ F_7^o \end{pmatrix} = 2 \cdot \begin{pmatrix} 0 & 0 & 0 & 0 \\ 0 & 1 & 2 & 3 \\ 0 & 2 & 4 & 6 \\ 0 & 3 & 6 & 9 \\ 0 & 4 & 8 & 12 \\ 0 & 5 & 10 & 15 \\ 0 & 6 & 12 & 18 \\ 0 & 7 & 14 & 21 \end{pmatrix} \begin{pmatrix} f_1 \\ f_3 \\ f_5 \\ f_7 \end{pmatrix}$$

$$\begin{pmatrix} F_0^{\text{ee}} \\ F_1^{\text{ee}} \\ F_2^{\text{ee}} \\ F_3^{\text{ee}} \\ F_4^{\text{ee}} \\ F_5^{\text{ee}} \\ F_6^{\text{ee}} \\ F_7^{\text{ee}} \end{pmatrix} = 4 \cdot \begin{pmatrix} 0 & 0 \\ 0 & 1 \\ 0 & 2 \\ 0 & 3 \\ 0 & 4 \\ 0 & 5 \\ 0 & 6 \\ 0 & 7 \end{pmatrix} \begin{pmatrix} f_0 \\ f_4 \end{pmatrix}, \quad \begin{pmatrix} F_0^{\text{eo}} \\ F_1^{\text{eo}} \\ F_2^{\text{eo}} \\ F_3^{\text{eo}} \\ F_4^{\text{eo}} \\ F_5^{\text{eo}} \\ F_6^{\text{eo}} \\ F_7^{\text{eo}} \end{pmatrix} = 4 \cdot \begin{pmatrix} 0 & 0 \\ 0 & 1 \\ 0 & 2 \\ 0 & 3 \\ 0 & 4 \\ 0 & 5 \\ 0 & 6 \\ 0 & 7 \end{pmatrix} \begin{pmatrix} f_2 \\ f_6 \end{pmatrix}$$

$$\begin{pmatrix} F_0^{\text{oe}} \\ F_1^{\text{oe}} \\ F_2^{\text{oe}} \\ F_3^{\text{oe}} \\ F_4^{\text{oe}} \\ F_5^{\text{oe}} \\ F_6^{\text{oe}} \\ F_7^{\text{oe}} \end{pmatrix} = 4 \cdot \begin{pmatrix} 0 & 0 \\ 0 & 1 \\ 0 & 2 \\ 0 & 3 \\ 0 & 4 \\ 0 & 5 \\ 0 & 6 \\ 0 & 7 \end{pmatrix} \begin{pmatrix} f_1 \\ f_5 \end{pmatrix}, \quad \begin{pmatrix} F_0^{\text{oo}} \\ F_1^{\text{oo}} \\ F_2^{\text{oo}} \\ F_3^{\text{oo}} \\ F_4^{\text{oo}} \\ F_5^{\text{oo}} \\ F_6^{\text{oo}} \\ F_7^{\text{oo}} \end{pmatrix} = 4 \cdot \begin{pmatrix} 0 & 0 \\ 0 & 1 \\ 0 & 2 \\ 0 & 3 \\ 0 & 4 \\ 0 & 5 \\ 0 & 6 \\ 0 & 7 \end{pmatrix} \begin{pmatrix} f_3 \\ f_7 \end{pmatrix}$$

ここで $W_3 = e^{\pi i}$ となっており,さらに偶数項と奇数項を分けると,0とeからなる3つの添字をもつ F_k が単なるひとつのスカラー数となる.

$$F_k^{\text{eee}} = f_0, \quad F_k^{\text{eeo}} = f_4, \quad F_k^{\text{eoe}} = f_2, \quad F_k^{\text{eoo}} = f_6$$

$$F_k^{\text{oee}} = f_1, \quad F_k^{\text{oeo}} = f_5, \quad F_k^{\text{ooe}} = f_3, \quad F_k^{\text{ooo}} = f_7$$

次に偶数を意味するeを0と表示し,奇数を意味するoを1と表すと,このようにして左から右へ位をとった2進数の表記として次のように表せる[*3)].

$$F_q^{000} = f_0, \quad F_q^{001} = f_4, \quad F_q^{010} = f_2, \quad F_q^{011} = f_6$$

$$F_q^{100} = f_1, \quad F_q^{101} = f_5, \quad F_q^{110} = f_3, \quad F_q^{111} = f_7$$

すなわち8個の f を求めると,あとは戻しの式へ入れれば F_q がわかる.そして,その操作を8回実行すればよいので全回数が $8 \times 3 = 24$ 回ですむことになる.これは一般に N^2 回の計算が $N = 2^\nu$ の場合 $N \log_2 N = N \times \nu$ 回

ですむことを意味している．したがって，$N \gg 1$ では $N^2 \gg N \log_2 N$ であり，計算が高速化されることになる．

13.3　高速フーリエ変換の背景

　この方法は，はじめに基本的な考え方で示したように，三角関数や指数関数が本来もっている性質であり，誰でも考えつくと思われる．実際それほど新しいものではない．一般には IBM のグループが 1960 年代に広めたのであるが，それ以前にもわかっており，記録に残っているものでも，1940 年代にすでにこの方法は使われていたのである．日本でも高橋秀俊が独立にこの方法を考え出し，HITAC5020 のプログラムを作っていた[36]．重要な方法論は，時代とともに繰り返し繰り返し「提案」されるものである．

　また，この方法の変形版，改良版もいろいろ提案されている．それらは，問題によっては（つまり展開したい関数の形によっては）すばらしい改善が見られるものもあるが，問題によっては「改悪」されてしまうものもあるので注意が必要である[*4]．

[*3]　ここで，1〜8 までの 2 進法の表記と，f_1 から f_2 までの対応を見ると，1（2 進法で 001）が f_4 にあたり，3 (011) が f_6 となっていて，入れ換わっている．アルゴリズムを作る際は注意が必要である．ただし，計算量としては N のオーダーであって，量的に大きな負担にはならない．

[*4]　計算機の進歩（高速化，大容量化）によって，以前は効率が悪くて非実用的と思われていた方法が，一躍中心的手法に躍り出ることもあることも指摘しておこう．

14

多粒子運動系の動力学シミュレーション

7, 8章で微分方程式の数値解法を論じたが,ここではきわめてたくさんの自由度(関数)が与えられていて,それらが互いに関係し合って時間的な発展をしている微分方程式の集合体を考えよう.その代表的な例として,古典力学(ニュートン力学)に従ってたくさんの粒子が時間とともに相互作用しつつ,運動する系を対象とする.このような場合は,微分方程式を差分方程式にしてから解いていく方法が用いられる.この方法を動力学シミュレーションとよぶ.

14.1 ニュートンの運動方程式

質量 m の粒子が N 個あり,互いに各粒子間で2体相互作用をしつつ,外部ポテンシャル中を運動している系を考えよう.時刻 t における粒子 $1, 2, \cdots, N$ の位置を $\boldsymbol{r}_1(t), \boldsymbol{r}_2(t), \cdots, \boldsymbol{r}_N(t)$,速度を $\boldsymbol{v}_1(t), \boldsymbol{v}_2(t), \cdots, \boldsymbol{v}_N(t)$ とおく.

この場合,古典力学系は以下のニュートンの運動方程式で記述され,ある時刻 t における N 個の粒子 $1, 2, \cdots, N$ の加速度 $\boldsymbol{a}_1(t) = d^2\boldsymbol{r}_1/dt^2$, $\boldsymbol{a}_2(t) = d^2\boldsymbol{r}_2/dt^2, \cdots, \boldsymbol{a}_N(t) = d^2\boldsymbol{r}_N/dt^2$ が

$$\frac{d^2\boldsymbol{r}_1}{dt^2} = -\frac{1}{m}\left(\sum_{i(\neq 1)}^{N} \nabla_1 V(x_1, y_1, z_1, x_i, y_i, z_i) - \nabla_1 U(x_1, y_1, z_1)\right)$$

$$\frac{d^2\boldsymbol{r}_2}{dt^2} = -\frac{1}{m}\left(\sum_{i(\neq 2)}^{N} \nabla_2 V(x_2, y_2, z_2, x_i, y_i, z_i) - \nabla_2 U(x_2, y_2, z_2)\right)$$

$\vdots$

14.1 ニュートンの運動方程式

$$\frac{d^2 \boldsymbol{r}_N}{dt^2} = -\frac{1}{m}\left(\sum_{i(\neq N)}^{N} \nabla_N V(x_N, y_N, z_N, x_i, y_i, z_i) - \nabla_N U(x_N, y_N, z_N)\right) \tag{14.1}$$

と記述される．ここで，

$$\nabla_\ell = \frac{\partial}{\partial x_\ell}\boldsymbol{i} + \frac{\partial}{\partial y_\ell}\boldsymbol{j} + \frac{\partial}{\partial z_\ell}\boldsymbol{k} \qquad (\boldsymbol{i}, \boldsymbol{j}, \boldsymbol{k} \text{は} x, y, x \text{方向の単位ベクトル}) \tag{14.2}$$

である．また，$V(x_\ell, y_\ell, z_\ell, x_i, y_i, z_i)$ は粒子 i, ℓ 間の2体相互作用であり，$U(x, y, z)$ は外部場によるポテンシャルである．これは場所 (x, y, z) によって決まる量なので，粒子がその場所 (x_ℓ, y_ℓ, z_ℓ) へきたまさにそのとき（時刻 t で）感じるものである．もっと具体的に論じるため，前にも述べたが，微分方程式を差分方程式に直す．時間の刻み（差分）を h として $t-h$，および $t+h$ における位置 $\boldsymbol{r}_\ell$ を t のまわりでテイラー級数を用いて展開して[*1)]，

$$\boldsymbol{r}_\ell(t-h) = \boldsymbol{r}_\ell(t) - \frac{d\boldsymbol{r}_\ell(t)}{dt}h + \frac{1}{2}\frac{d^2\boldsymbol{r}_\ell(t)}{dt^2}h^2 \tag{14.3}$$

$$\boldsymbol{r}_\ell(t+h) = \boldsymbol{r}_\ell(t) + \frac{d\boldsymbol{r}_\ell(t)}{dt}h + \frac{1}{2}\frac{d^2\boldsymbol{r}_\ell(t)}{dt^2}h^2 \tag{14.4}$$

とする．ここで各辺を加えたり，引いたりすると

$$\boldsymbol{r}_\ell(t-h) + \boldsymbol{r}_\ell(t+h) = 2\boldsymbol{r}_\ell(t) + \frac{d^2\boldsymbol{r}_\ell(t)}{dt^2}h^2 \tag{14.5}$$

$$\boldsymbol{r}_\ell(t-h) - \boldsymbol{r}_\ell(t+h) = -2\frac{d\boldsymbol{r}_\ell(t)}{dt}h \tag{14.6}$$

となる．すなわち，速度として

$$\boldsymbol{v}_\ell(t) = -\frac{1}{2h}\{\boldsymbol{r}_\ell(t-h) - \boldsymbol{r}_\ell(t+h)\} \tag{14.7}$$

加速度として，

$$\boldsymbol{a}_\ell(t) = \frac{1}{h^2}\{\boldsymbol{r}_\ell(t-h) - 2\boldsymbol{r}_\ell(t) + \boldsymbol{r}_\ell(t+h)\} \tag{14.8}$$

[*1)] ここで時間の刻み h はあとで使う Δ と結局は同じものになるが，この段階では過去方向，未来方向への展開という一般性をもたせるために区別して使った．

を得る．結局

$$r_\ell(t+h) = 2r_\ell(t) - r_\ell(t-h) + h^2 a_\ell(t) \qquad (14.9)$$

を得る．この式 (14.9) は過去 $t-h$ の位置情報と現在 t の位置情報によって未来 $t+h$ の位置情報が得られること示している．なぜならニュートンの運動方程式 (14.1) は位置がわかれば，勾配式 (14.2) を計算することによって，まさにその時刻の力がわかることを意味しているからであり，それを質量 m で割ったものこそが加速度 $a_\ell(t)$ となるからである．ただし，はじめだけは

$$r_\ell(t=+\Delta) = r_\ell(t=0) + v_\ell(t=0)h \qquad (14.10)$$

を使って次の時刻の位置を得ることする．次の「未来」時刻 $t=2\Delta$ を求める計算からあとは，式 (14.9) を使えばよい．

以上によって過去と現在の時刻の位置と速度によって未来の位置と速度が順々に定まることになる．すなわち，各時刻 $t=0,\Delta,2\Delta,3\Delta,\cdots,(M-1)\Delta$ における各粒子の位置と速度が初期条件 $r_\ell(t=0)$, $v_\ell(t=0)$ $(\ell=1,2,\cdots,N)$ を与えると一意的に与えられることになる．ただし，微分方程式を差分方程式にしてあるので，刻み幅 Δ のとり方には注意が必要である．

14.2 膨大な数値情報の整理

前節で述べたようにこの方法は，決定論的なものであり，初期条件としてはじめの時刻 $(t=0)$ での各粒子の位置と速度（方向と速さ）を与えると，その後の振る舞いは，一意的に求められるのである．得られるものは，時々刻々の各粒子の位置と速度で $6N$ 個である．時間を Δ の刻みで M 個考えると $3NM$ であり，現在の計算機の容量ではかなりの膨大な大きさまで可能である．そこで，このような多粒子運動の膨大な量の数値的な情報から何を整理して何を知ることができるのであろうか

ここでは統計的な分布についての平均量として得られる量を論じておこう．式 (14.1) に従うかぎり，この系は統計物理学でいうミクロカノニカル分布であり，全エネルギーは一定である．これは次のような運動エネルギー E_K と位置

エネルギー E_P の和で与えられる．

$$\langle E \rangle = \langle E_\mathrm{K} \rangle + \langle E_\mathrm{P} \rangle \tag{14.11}$$

ここで，$\langle \cdots \rangle$ はある時間の長さでの平均を意味し，各項は，

$$\langle E_\mathrm{K} \rangle = \frac{1}{2N} \left\langle \sum_{\ell=1}^{N} m\boldsymbol{v}_\ell^2 \right\rangle \tag{14.12}$$

$$\langle E_\mathrm{P} \rangle = \frac{1}{2N} \left\langle \sum_{\ell=1}^{N} \left\{ \left(\sum_{i(\neq \ell)}^{N} v(x_\ell, y_\ell, z_\ell, x_i, y_i, z_i) \right) + U(x_\ell, y_\ell, z_\ell) \right\} \right\rangle \tag{14.13}$$

と記される．この $\langle E \rangle$ が一定という性質は実際にシミュレーションを実行する際に精度のチェックに使えることを注意しておこう．時間間隔 Δ などが適当かどうかを確かめられるわけである．

しかし，この一定である全エネルギー $\langle E \rangle$ を構成している次の運動エネルギー E_K と，位置エネルギー E_P は一定ではない．ところが，この一定であることが保証されないものが，「温度」と密接に関係しているのである．温度という量は統計的な量なので，動力学的な情報を平均操作（縮約）して初めて得られるものなのである．すなわち，$\langle E_\mathrm{K} \rangle$ が「温度」，正確には $(3/2)k_\mathrm{B}T$ である[*2]．式で示すと，

$$T = \frac{1}{3Nk_\mathrm{B}} \langle E_\mathrm{K} \rangle \tag{14.14}$$

となる．全エネルギー $\langle E \rangle$ である計算を実行していても，この値は一般に時間とともに変動する．そして，これが一定になったら，温度 T を推測できることを意味しているが，問題は多い．モデルにおいて，重心の運動をやめて

$$\sum_{\ell=1}^{N} m\boldsymbol{v}_\ell = 0 \tag{14.15}$$

とできる状況ならばそうしておくべきである．並進運動は温度には含まれないからである．

[*2] 統計力学における等分配の法則である．

それでは，温度を変えるにはどうすべきであろうか．初期状態を巧みに変えて，その結果，ほしい温度が得られるならばそれでよい．しかし，それではうまく対応できないならば，シミュレーション計算の中でそれを実行すべきである．ここではその1つの方法として式 (14.1) の右辺の { } 内の最後に新たに項を加えて，

$$\frac{d^2 \boldsymbol{r}_\ell}{dt^2} = -\frac{1}{m} \left(\sum_{i(\neq \ell)}^{N} \nabla_\ell V(x_\ell, y_\ell, z_\ell, x_\ell, y_\ell, z_\ell) - \nabla_\ell U(x_\ell, y_\ell, z_\ell) + \Gamma \frac{d\boldsymbol{r}_\ell(t)}{dt} \right)$$
$$(\ell = 1, 2, \cdots, N) \tag{14.16}$$

とする方法を紹介しておこう．これは「摩擦」によるエネルギーの低下（散逸）を表しており，この式はランジュバン（Langevin）方程式とよばれている．この摩擦係数 Γ を含む項[*3]を入れると温度の低下が見られる．しかしながら，この項のメカニズムに立ち返るならば，この項はランダムな力（揺動力）のゆらぎとして考慮すべきである[*4]．ここに至って統計集団としてはカノニカル分布を作ることになる．この議論の詳細は分子動力学法の専門書を参考にしてほしい[37]．

このように「温度」とは動力学シミュレーションでは本質的に求めにくい間接量であることは知っておくべきである．この「温度問題」も含め，シミュレーション計算においては，結局は我々はこの計算に何を期待すべきなのだろうか，という問題にいつも立ち返ることになる．その立ち返りこそが「物理学」にとって大切なのである．ここにおいて，いまふれたミクロカノニカル集団系のシミュレーション（エネルギー E，体積 V，粒子数 N が一定）と，カノニカル集団系のシミュレーション（温度 T，V，N が一定），の他に，必要に応じて等温等圧集団系（圧力 P，V，N が一定），等エンタルピー集団系（エンタルピー H，V，N が一定）などを設定しなければならないことになる．これらについては，すでに，いろいろな方法論が提案され使われている[38]．

このように現実の系に即して，さまざまな問題点に細心の注意を払いつつ，

[*3] もちろん摩擦係数 Γ の値をどう決めるかという問題は残る．経験的には，大きすぎると温度が一定になりにくいし，小さすぎるとほしい温度が得にくくなることが一般に知られている．

[*4] 統計物理学における揺動散逸定理を意味する．すなわち，時間的に変動する揺動力 $\eta(t)$ に対して，$\gamma = (k_B T)^{-1} \int_0^\infty \langle \eta(t)\eta(0)\rangle dt$ と表される．

各粒子の力学的な挙動を追跡し,動力学的な動きのなかに物理学の描像を描き,系のもつ本質を追求しようというのがこの方法論の真髄である.

14.3 イオンダイナミクス

この方法論にもとづく研究として歴史的な意義が大きいものは,Adler と Wainwright による,剛体球の集合体における相転移に関する仕事である[39].剛体球とは,粒子間の斥力的相互作用を「固い球」(hard-sphere) という形で取り入れたものである.引力をもたない系に対して秩序のある凝縮相が存在することを鮮やかに見せてくれた特記すべき仕事である[*5].その後,計算機の進歩により,現実的な系の詳細な振る舞いをますます,生き生きと表現することに成功している.

14.3.1 グラファイト表面上のイオンの運動

このような研究例は大変多い.ここでは,そのなかでも特に,この方法の特徴を巧みに使って物理的描像を的確に引き出した例として,層間におけるアルカリ金属イオン(陽イオン)の動きについての動力学シミュレーション計算を紹介しよう.この仕事は Hiramoto と Nakao によるものである[40].図 14.1[*6]に描いたように,石墨といわれているグラファイトは炭素が平面的に蜂の巣構造を作ったものが層状に積み重なっており,その層間にはさまざまな原子,イオン,分子が入ることができる.

ここで対象とするのはアルカリ金属イオンである K^+ イオンの場合で,本質的に K^+ イオンという粒子の層間での運動の問題なのであるが,モデルとしては,イオン間で相互作用をしながら,背景である炭素による[*7]亀の子模様骨格のポテンシャルの影響を受けて,2 次元平面上を運動する系として扱えるという点がきわめて興味深い.以下,この動力学シミュレーション計算によって得

[*5] 斥力系がこのように秩序のある相をもつことは,直観的なイメージではつかみにくいが,剛体球に関しては統計力学にもとづく予測はすでに Kirkwood によってされていた.
[*6] この図は永吉秀夫の博士論文 (1976) のなかにあるグラファイトの図に K^+ イオンを加筆したものである.
[*7] 炭素の sp^2 混成軌道が作っている.

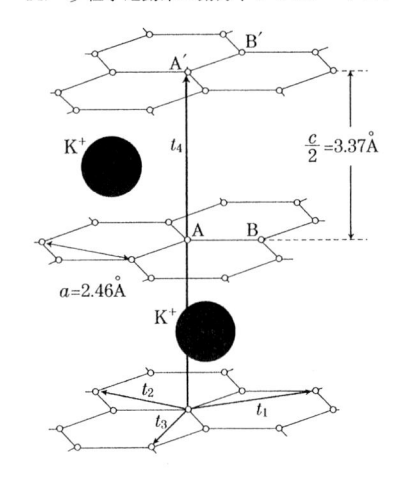

図 14.1 グラファイトの層間に K^+ イオンが挟まれた系

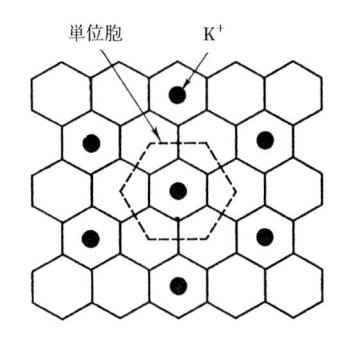

図 14.2 グラファイト層間化合物 2 次元モデル
十分低温では K^+ イオンが超格子を作る．ここで，C_8K-Type のモデルを示す．

られる豊かな世界を味わってほしい．

14.3.2 シミュレーション計算の結果

ここでは K^+ イオンの数と炭素原子の数が 1 : 8 の場合を論ずる．十分低温では，図 14.2 に単位胞として点線で示したさらに大きな蜂の巣を描く超格子構造が安定となることが知られている．

そして，1000K 付近での構造相転移が回折による実験的研究で観測されてい

14.3 イオンダイナミクス

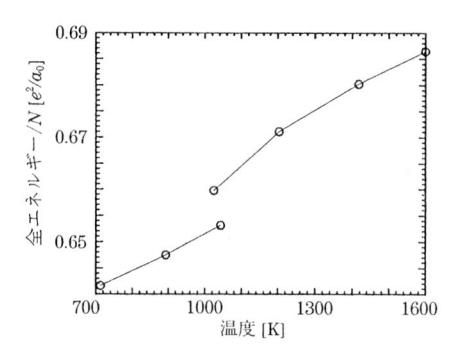

図 14.3 全エネルギーと温度の関係

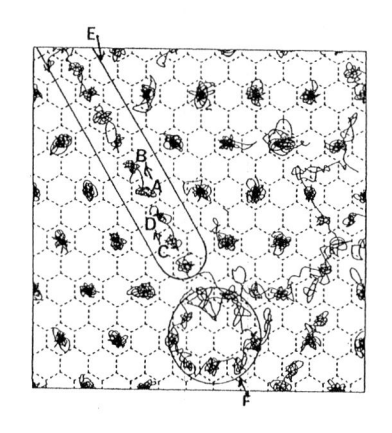

図 14.4 転移点直下の固体相での K^+ イオンの動き
全体として，超格子構造を作る傾向があるが，それを崩す融解の前駆的振る舞いも見てとれる．

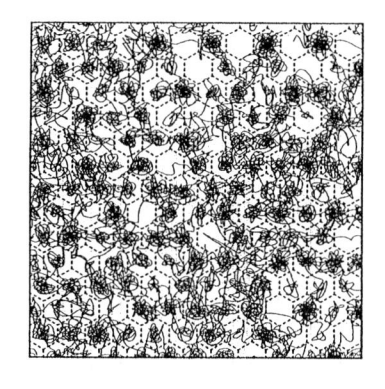

図 14.5 転移点より高温での液相での K^+ イオンの動き (1)
長時間 ($0\sim6000$ step) では位置を定めないで乱雑に動いているように見える．

る．これに対応するシミュレーション計算の結果を上記 Hiramoto と Nakao の論文から紹介しよう．これから示す図 14.3~14.6 はその論文[40]から引用して掲載したものである．

計算でも，ポテンシャルを記述するパラメータを調節することにより，図 14.3 のように全エネルギーの温度依存性から 1000 K 付近での固体液体相転移の再現が確認できる．この転移点直下の固体相の様子が図 14.4 にイオンの動きの軌跡として描かれている．固体相なので，全体として，図 14.2 の単位胞に対応

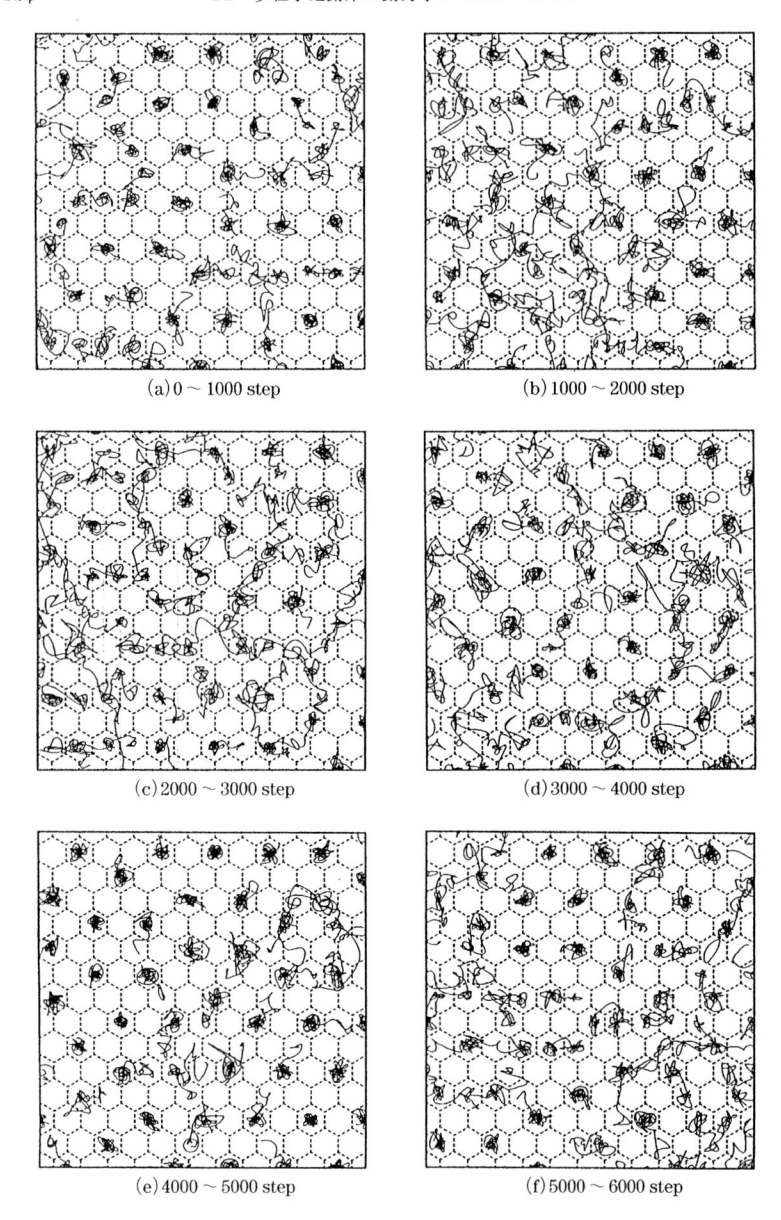

(a) 0 ~ 1000 step   (b) 1000 ~ 2000 step

(c) 2000 ~ 3000 step   (d) 3000 ~ 4000 step

(e) 4000 ~ 5000 step   (f) 5000 ~ 6000 step

図 14.6 転移点より高温での液相での K^+ イオンの動き (2)
1000 step の時間幅に切って (a) から (f) に示す．これを見ていくと，固体相のときの超格子的な相関を色濃く残している様子が読みとれる．

する超格子構造を作る傾向があるが，それを崩す融解の振る舞いもきわめて興味深いものがある．まるで現実の原子の動きを見ているかのように，直線運動と円周運動が見てとれる．

一方，液相においてはイオンの軌跡を描くと 1200 K において，図 14.5 のように長時間 (0～6000 step) では位置を定めないで乱雑に動いているとしかいえないが，それを 1000 step の時間幅に切ってみると，図 14.6 (a)～(f) に示したように，固体相のときの超格子的な相関を色濃く残しつつ円環的もしくは直線的な運動をしていることが読みとれる．

しかも，じっくり見ていると，ある1つのイオンの動きは決して独立ではなく，他のイオンの動きと強い相関をもっていることがわかってくる．原論文では，さらにイオンの位置についての相関関数[*8)]を導入してこの点を詳しく議論しているがここでは略す．

これらの結果を見ることにより，イオンの動きの多彩な振る舞いが計算機上に鮮やかに再構成できることに驚く．そして，この心ときめく光景にもとづいて，物理的概念を新たに提案したい気持ちがわいてくるではないか．

[*8)] 原論文[40)] では，特に位置の相関関数に角度依存性を入れて詳細に解析している．一読されることをすすめる．

問題の略解

問題 1.1 圧力の次元もエネルギー密度の次元も $x = -2$, $y = -1$, $z = 1$ となり同じである（以下，解答では図は省略する）．

問題 1.2 $\{\ell\} = c^{-3/2} G^{1/2} h^{1/2}$, $\{m\} = c^{1/2} G^{-1/2} h^{1/2}$.

問題 1.3 $t^{-3} \ell^1 m^1 \theta^{-1}$.

問題 1.4 f は $d\eta v$ に比例する．流体力学の知識によると，その比例係数は 6π である．これはストークス（Stokes）の法則といわれレイノルズ数 Re が 1 程度より小さければ成立する．

問題 1.5 指示に従って，3つの式から未知数 T_c, p_c, v_c を a, b, R を用いて表す．

$$\left(\frac{\partial p}{\partial v}\right)_T = -\frac{RT}{(v-b)^2} + \frac{2a}{v^3} = 0 \tag{A·1}$$

$$\left(\frac{\partial^2 p}{\partial v^2}\right)_T = \frac{2RT}{(v-b)^3} - \frac{6a}{v^4} = 0$$

の2式から RT/a を消去すると，

$$v_c = 3b \tag{A·2}$$

が得られる．これを，(A·1) に代入すると，

$$RT_c = \frac{8a}{27b} \tag{A·3}$$

を得る．これらの，v_c, RT_c をファン・デル・ワールス方程式 (1.7) に代入すると，

$$p_c = \frac{a}{27b^2} \tag{A·4}$$

も求まる．

問題 1.6 式 (1.9) より $T = T^* T_c$, $p = p^* p_c$, $v = v^* v_c$ を作って，ファンデル・ワールス方程式 (1.7) に代入すると

$$\left(p^* p_c + \frac{a}{(v^* v_c)^2}\right)(v^* v_c - b) = RT^* T_c$$

を得る. 前問の導出による式 (A·2)〜(A·4) を代入し, p_c, v_c, RT_c を a, b で表すと, T^*, p^*, v^* のみによる表式 (1.10) が得られる.

問題 2.1 プログラムは使用言語やアプリケーションソフトの有無により差異が生じ, 詳細を逐一掲載する余裕もなかったため, 本書では割愛させていただいた. 可能なかぎりアドバイスをつけ, 参考文献としてプログラムを扱う書籍もあげてあるので, それらを参考にして自作してみてほしい.

問題 2.2 代入文における等号 = は左の値を右の文字の値にせよという意味である.

問題 3.1 ③, ④, ⑤, ⑥ においては, 条件文 (Fortran では IF 文) を用いるとよい.
問題 3.2 略
問題 3.3 値は 2.7649...... である.
問題 3.4 接線を作る際の分母の大きさ, すなわち刻み h のとり方に注意せよ. はじめは大きめにとっておく方がよい.
問題 3.5 2 番目の小さい解は 6.5737...... である.

問題 4.1 略
問題 4.2 略
問題 4.3 行列の左下 3 角形部分を変換するので乗算の回数は, おおよそ

$$\sum_{k=n-1}^{2} \frac{k(k+1)}{2} \sim \frac{n^3}{6}$$

となる. 除算の回数は各ピボットについて 1 回行えばよいので $n-1$ 回である.
問題 4.4 略
問題 4.5 略
問題 4.6 正確な解は $\boldsymbol{x} = (3, -2, -3, 2)$ である.

問題 5.1 $\lambda^2 - 4\lambda + 2 = 0$ から, $\lambda = 2 \pm \sqrt{2}$ となる. $\lambda = 2 - \sqrt{2}$ の固有ベクトルは $\begin{pmatrix} 1 \\ 1+\sqrt{2} \end{pmatrix}$, $\lambda = 2 + \sqrt{2}$ の固有ベクトルは $\begin{pmatrix} 1 \\ -(\sqrt{2}-1) \end{pmatrix}$ である.
問題 5.2 ラグランジュ関数 $\mathcal{L}$ は

$$\mathcal{L} = \frac{m}{2}(\dot{x}_1^2 + \dot{x}_1^2 + \cdots + \dot{x}_n^2) - \frac{k}{2}\{x_1^2 + (x_1 - x_2)^2 + \cdots + (x_{n-1} - x_n)^2\}$$

であるので, 運動方程式は

$$m\ddot{x}_1 = -kx_1 - k(x_1 - x_2) = -2kx_1 + kx_2$$
$$m\ddot{x}_2 = +k(x_1 - x_2) - k(x_2 - x_3) = -k(x_1 - 2x_2 + x_1)$$
$$\vdots$$

$$m\ddot{x}_n = +k(x_{n-1} - x_n)$$

となる．したがって以下のような3重対角行列の固有値問題になる．

$$\begin{pmatrix} 2 & -1 & 0 & & \\ -1 & 2 & -1 & \cdots & 0 \\ & \ddots & \ddots & \ddots & \vdots \\ & & -1 & 2 & -1 \\ & & & -1 & 1 \end{pmatrix} \begin{pmatrix} x_1 \\ x_2 \\ \vdots \\ x_{n-1} \\ x_n \end{pmatrix} = \lambda \begin{pmatrix} x_1 \\ x_2 \\ \vdots \\ x_{n-1} \\ x_n \end{pmatrix}$$

問題 5.3
ⓐ 転置行列 A^T の固有値方程式は

$$|a^T - \lambda| = \begin{vmatrix} a_{11} - \lambda & a_{21} & \cdots & a_{n1} \\ a_{12} & a_{22} - \lambda & \cdots & a_{n2} \\ & & \vdots & \\ a_{1n} & a_{2n} & \cdots & a_{nn} - \lambda \end{vmatrix} = 0$$

である．左辺の行列式の値は行と列とを入れ換えた行列式と変わらないから，行列 A の固有値方程式と同じになる．したがって両者の固有値は一致する．

ⓑ $B^{-1}AB$ に関する固有値方程式は

$$|B^{-1}AB - \lambda| = |B^{-1}(A - \lambda)B| = |B^{-1}| \cdot |A - \lambda| \cdot |B| = |A - \lambda| = 0$$

となり，行列 A の固有値方程式と一致する．

ⓒ $\boldsymbol{u}_1$ と $\boldsymbol{u}_2$ とが直交することを示そう．

$$A\boldsymbol{u}_1 = \lambda_1 \boldsymbol{u}_1 \text{ に左から } \boldsymbol{u}_2^T \text{ をかけ } \quad \boldsymbol{u}_2^T A \boldsymbol{u}_1 = \lambda_1 \boldsymbol{u}_2^T \boldsymbol{u}_1$$

この両辺の転置行列をとると

$$(\boldsymbol{u}_2^T A \boldsymbol{u}_1)^T = \boldsymbol{u}_1^T A^T \boldsymbol{u}_2 = \boldsymbol{u}_1^T A \boldsymbol{u}_2 = \lambda_2 \boldsymbol{u}_1^T \boldsymbol{u}_2 = \lambda_1 \boldsymbol{u}_1^T \boldsymbol{u}_2$$

すなわち

$$(\lambda_2 - \lambda_1) \boldsymbol{u}_1^T \boldsymbol{u}_2 = 0$$

したがって $\lambda_1 \neq \lambda_2$ のとき $\boldsymbol{u}_1^T \boldsymbol{u}_2 = 0$，すなわち対称行列においては $\boldsymbol{u}_1$ と $\boldsymbol{u}_2$ は互いに直交することが示される．

問題 5.4

$$\begin{vmatrix} -1 - \lambda & 4 \\ 4 & 5 - \lambda \end{vmatrix} = 0$$

から $\lambda = -3, 7$ を得る．$\lambda = -3$ のとき固有ベクトルは

$$\boldsymbol{u}_1 = \begin{pmatrix} 2/\sqrt{5} \\ -1/\sqrt{5} \end{pmatrix}$$

$\lambda = 7$ のとき固有ベクトルは

$$\boldsymbol{u}_2 = \begin{pmatrix} 1/\sqrt{5} \\ 2/\sqrt{5} \end{pmatrix}$$

したがって $\boldsymbol{u}_1^T \boldsymbol{u}_2 = 0$ となり，$\boldsymbol{u}_1$ と $\boldsymbol{u}_2$ は互いに直交することが示される．

問題 5.5 行列 U が直交行列であるには $U^T U = I$ を示せばよい (U^T は U の転置行列)．固有ベクトルの直交性 $\boldsymbol{u}_i^T \boldsymbol{u}_j = \delta_{ij}$ を利用して証明せよ．

問題 5.6 問題 5.4 で求めた固有ベクトル $\boldsymbol{u}_1, \boldsymbol{u}_2$ より

$$U = \begin{pmatrix} 2/\sqrt{5} & 1/\sqrt{5} \\ -1/\sqrt{5} & 2/\sqrt{5} \end{pmatrix}$$

問題 5.7 $t = 4/3$ となるので $\sin\theta = 1/\sqrt{5}$, $\cos\theta = 2/\sqrt{5}$ が得られる．これから直交行列 U が作られる．

問題 5.8 U_k が式 (5.24) で与えられる場合，新しい行列要素は次のように計算される．

$$^{新}u_{ii} = u_{ii}\cos\theta - u_{ij}\sin\theta, \qquad ^{新}u_{jj} = u_{ji}\sin\theta + u_{jj}\cos\theta$$
$$^{新}u_{ij} = u_{ii}\sin\theta + u_{ij}\cos\theta, \qquad ^{新}u_{ji} = u_{ji}\cos\theta - u_{jj}\sin\theta$$

上記以外の行列要素は不変．

問題 5.9 略

問題 5.10 略

問題 5.11 略

問題 5.12 2次元の調和振動子を表現する展開関数の選び方は一意的ではなく，次のようにいろいろ考えられる．

ⓐ 1次元の調和振動子を記述するエルミート (Helmite) 関数を x, y の2方向に用いてそれらの積で表示するのも1つの方法である．この場合，量子数は n_x, n_y である．展開関数は

$$u_{n_x, n_y} = N_{n_x} N_{n_y} H_{n_x}(\alpha x) H_{n_y}(\alpha y) \times \exp\left(-\frac{1}{2}\alpha^2(x^2 + y^2)\right)$$

である．ここで，$\alpha = \sqrt{m\omega/\hbar}$ は調和振動子における基本的な長さである．また，N_{n_x}, N_{n_y} は規格化因子であり，$N_n = \{\alpha/(\sqrt{\pi}2^n n!)\}^{1/2}$ である．詳しくは量子力学の調和振動子の項を参考にしてほしい．問題で問われている第1励起状態は $n_x = 0$, $n_y = 1$ と $n_x = 1$, $n_y = 0$ の組合せで表現される．

ⓑ またこの系は 2 次元平面内で等方的なので，2 次元極座標 r, θ を用いて，極角 θ 方向の角運動量 m と radial 方向 (r) の節の数 n_r を量子数として，ラゲール陪多項式（Laguerre polynomial）$L_{n_r}^{|m|}$ を用いて表すのもよい．展開関数は

$$u_{r,\theta} = M_{n_r,m}(\alpha r)^m L_{n_r}^{|m|}(\alpha^2 r^2) \exp\left(\frac{-1}{2}\alpha^2 r^2\right) \times \frac{1}{\sqrt{2\pi}} \exp(im\theta)$$

となる．規格化因子 $M_{n_r,m}$ などの詳細は，量子力学のテキスト，たとえば J. Schwinger の "Quantum Mechanics"（B.-G. Englert (ed.), Springer, 2001）などを参照してほしい．ここでは，第 1 励起状態は，$n_r = 0,\ m = +1$ と $n_r = 0,\ m = -1$ と表記される．ここでⓐの表現との関係は

$$|n_r = 0,\ m = +1\rangle = (1/\sqrt{2})\{|n_x = 1, n_y = 0\rangle + i|n_x = 0, n_y = 1\rangle\}$$
$$|n_r = 0,\ m = -1\rangle = (1/\sqrt{2})\{|n_x = 1, n_y = 0\rangle - i|n_x = 0, n_y = 1\rangle\}$$

となっている．

問題 6.1
ⓐ 条件①が成立していることは，$f_0(\lambda) = 1$ から明らか．
ⓑ もし $f_1(\lambda) = 0$ と $f_2(\lambda) = 0$ が共通解をもっていたとすると，式 (6.3) から $f_0(\lambda) = 0$ となり，上記と矛盾することになる．

一般に，もし $f_m(\lambda) = 0$，$f_{m+1}(\lambda) = 0$ が成り立つとすると，式 (6.3) から得られる関係式

$$f_{m+1}(\lambda) = (\alpha_{m+1} - \lambda)f_m(\lambda) - \beta_m^2 f_{m-1}(\lambda mbda)$$

から $f_{m-1}(\lambda) = 0$ が成立してしまう．すると $f_{m-2}(\lambda) = 0, \cdots, f_0(\lambda) = 0$ となり，条件①と矛盾する．したがって $f_m(\lambda) = 0$ と $f_{m+1}(\lambda) = 0$ は共通の解をもたない．
ⓒ $f_m(x) = 0$ となる x に対して $f_{m+1}(x) = -\beta_m^2 f_{m-1}(x)$ が成立することが上記の関係式から導かれる．したがって $f_{m+1}(x)$ と $f_{m-2}(x)$ の正負が逆になることが示される．

以上のことから関数列 $f_0(\lambda), f_1(\lambda), \cdots, f_n(\lambda)$ はスツルム関数列である．

問題 6.2 略

問題 6.3
ある固有値 λ に対する固有ベクトル $\boldsymbol{u}$ の各成分を $u_1, u_2, \cdots, u_n$ とすると，これらは連立方程式

$$\left.\begin{array}{l}
\alpha_1 u_1 + \beta_1 u_2 = \lambda u_1 \\
\beta_1 u_1 + \alpha_2 u_2 + \beta_2 u_3 = \lambda u_2 \\
\quad\vdots \\
\beta_{k-1} u_{k-1} + \alpha_k u_k + \beta_{k+1} u_{k+1} = \lambda u_k \\
\quad\vdots \\
\beta_{n-1} u_1 + \alpha_n u_n = \lambda u_n
\end{array}\right\}$$

の解で与えられる．

そこでとりあえず $u_1 = 1$ とした場合について以下に示す．

$$\left.\begin{aligned}
u_1 &= 1 \\
u_2 &= (\lambda - \alpha_1)/\beta_1 \\
u_3 &= \{(\lambda - \alpha_2)u_2 - \beta_1\}/\beta_2 \\
&\vdots \\
u_i &= \{(\lambda - \alpha_{i-1})u_{i-1} - \beta_{i-2}u_{i-2}\}/\beta_i \\
&\vdots \\
u_n &= \{(\lambda - \alpha_{n-1})u_{n-1} - \beta_{n-2}u_{n-2}\}/\beta_n
\end{aligned}\right\}$$

このようにして求められた $u_1, u_2, \cdots, u_n$ を規格化することで固有値 λ に対する固有ベクトル $\boldsymbol{u}$ の各成分が決定される．

$u_1 = 1$ として求める上記のやり方と同じように，$u_n = 1$ として求める方法もある．この場合はどのような式で $n_{n-1}, u_{n-2}, \cdots, u_1$ が求まるか考えてみよう．

問題 6.4 式 (6.33) から

$$A^{(n-2)} = (P_1 P_2 \cdots P_{n-2})^{-1} A (P_1 P_2 \cdots P_{n-2})$$

が成立しているの両辺をベクトル $\boldsymbol{x}_i$ に作用させると

$$A^{(n-2)} \boldsymbol{x}_i = (P_1 P_2 \cdots P_{n-2})^{-1} A (P_1 P_2 \cdots P_{n-2}) \boldsymbol{x}_i$$
$$(P_1 P_2 \cdots P_{n-2}) \lambda_i \boldsymbol{x}_i = A (P_1 P_2 \cdots P_{n-2}) \boldsymbol{x}_i$$

したがって両辺を入れ換えれば

$$A(P_1 P_2 \cdots P_{n-2} \boldsymbol{x}_i) = \lambda_i (P_1 P_2 \cdots P_{n-2} \boldsymbol{x}_i)$$

が成立している．このことからもとの行列 A の固有値 λ_i の固有ベクトル $\boldsymbol{u}_i$

$$\boldsymbol{u}_i = P_1 P_2 \cdots P_{n-2} \boldsymbol{x}_i$$

となる．

問題 7.1 図 7.2 は当然，x 方向にも y 方向にも 2π の周期性がある．また，$y = \pm\pi/2, \pm 3\pi/2,$ において，勾配は x によらないで 0 になる．どの点であっても勾配は必ず -1 より大きく $+1$ より小さい．これらのことに注意しよう．

問題 7.2 [戸川隼人, (1980)][20] による詳しい議論は，計算物理学を学ぶうえで得るところが大きい．こちらを参照していただきたい．

問題 9.1 このままの形で計算してもよいが，ここでは見やすい変形をしてみる．2

次曲線を $ax^2 + bx + c$ とおく．$x_1 = 0$ として，$f(x_1) = c$ としても一般性を失わない．さらには，刻み h を 1 として，$x_0 = -1$, $x_1 = 0$, $x_2 = 1$ とおいても係数の比はわかる．そこで

$$\int_{-1}^{+1} (ax^2 + bx + c)dx = (2/3)a + 2c$$

となる．他方，$f(-1) = a - b + c$, $f(0) = c$, $f(1) = a + b + c$ なので，逆に a, b, c について解くと $a = \{f(1) + f(-1)\}/2 - f(0)$, $b = \{f(1) - f(-1)\}/2$, $c = f(0)$ となる．これらを定積分結果 $(2/3)a + 2c$ へ代入すると，

$$\int_{-1}^{+1} (ax^2 + bx + c)dx = \frac{1}{3}\{f(-1) + 4f(0) + f(1)\}$$

を得る．一般の刻み h に関してはここへ h をかけたものである．結果として

$$\int_{x_{i-1}}^{x_{i+1}} f(x)dx \sim \frac{h}{3}\{f(x_{i-1}) + 4f(x_i) + f(x_{i+1})\}$$

となる．

問題 9.2 前者，式 (9.12) の被積分関数は不定積分ができて，

$$\log\left|\frac{x}{1 + \sqrt{1 - x^2}}\right| + (積分定数)$$

である．これは log の部分が $x \to 1$ では有限値 0 であるが，$x \to +0$ では対数発散をしてしまう．積分の下限が ϵ の場合，定積分値は $\log\left|\frac{1 + \sqrt{1 - \epsilon^2}}{\epsilon}\right|$ なので，$\epsilon = 0.01$ では，5.29829...... となる．

後者，式 (9.13) は積分の下限が 0，上限が 1 であっても積分は収束する．定積分の値は解析的に求まり $-\log 2$ である．この解析的解き方が [高木貞治 (1961)][6] に論じられている．ただし，変数 x を πx とおき，積分の上限も半分にして，

$$\int_0^{\pi/2} -\log \sin \theta d\theta = -\frac{\pi}{2}\log 2$$

を証明してある．

問題 10.1 この解は解析的に解けて $1/2$ である．

$$\int_0^{+1} dx \cdot x \int_0^{+1} dy \int_0^{+1} dz + \int_0^{+1} dx \int_0^{+1} dy \cdot y \int_0^{+1} dz$$
$$- \int_0^{+1} dx \int_0^{+1} dy \int_0^{+1} dz \cdot z$$

はすべての項が同じ値であり，それらは

$$\int_0^{+1} dx \cdot x \int_0^{+1} dy \int_0^{+1} dz = \left|\frac{x^2}{2}\right|_0^1 \cdot 1 \cdot 1 = \frac{1}{2}$$

のようにして容易に求まる．この例のようにうまく解析的に解ける場合は，モンテカルロ法はきわめて時間がかかってしまい，ほとんど意味のない計算法である．しかし，被積分関数がどんなに複雑になっても，またさらに，積分の上限下限が変わってもモンテカルロ法ではプログラムを数行書き換えるだけでそのまま使える．これは計算物理学の立場からは大きな利点である．

問題 11.1 平均値 $\bar{x}$ と同時に 2 乗の平均値 $\overline{x^2}$

$$\overline{x^2} = \frac{1}{n}\sum_{i=1}^n x_i^2$$

を求めておくことにより，平均値と分散（平均 2 乗誤差）を 1 つの繰り返し文のみで得る工夫をしてみよう．

問題 11.2 $f_j(x) = x^{j-1}$ であるので $A_{jk} = \sum_i x_i^{j+k-2}, b_j = \sum_i x_i^{j-1} y_i$ である．データの個数を n とすると以下のような連立方程式になる．

$$\begin{pmatrix} 1 & \frac{1}{n}\sum x_i & \frac{1}{n}\sum x_i^2 & \cdots & \frac{1}{n}\sum x_i^l \\ \frac{1}{n}\sum x_i & \frac{1}{n}\sum x_i^2 & \frac{1}{n}\sum x_i^3 & \cdots & \frac{1}{n}\sum x_i^{l+1} \\ & & \vdots & & \\ \frac{1}{n}\sum x_i^l & \frac{1}{n}\sum x_i^{l+1} & \cdots & \cdots & \frac{1}{n}\sum x_i^{2l} \end{pmatrix} \begin{pmatrix} c_0 \\ c_1 \\ \vdots \\ c_l \end{pmatrix} = \begin{pmatrix} \frac{1}{n}\sum y_i \\ \frac{1}{n}\sum x_i y_i \\ \vdots \\ \frac{1}{n}\sum x_i^l y_i \end{pmatrix}$$

ここで各要素を n で割っているのは行列要素の発散を防ぐためである．

問題 11.3 $R(t) = c_0 + c_1 t$ として（$t[°C]$ とする），まず係数 c_0, c_1 を求めると，$c_0 = 11.409, c_1 = 0.0511$ となる．これから $R(t) = R(1+\alpha t)$ としたときの係数は $R = 11.409, \alpha = 4.48 \times 10^{-3}$ となる．

問題 11.4 $c(T) = a_0 + a_1 T + a_2 T^2$ としたとき（$T[°C]$ とする），各係数は $a_0 = 4.18740, a_1 = -5.55 \times 10^{-4}, a_2 = 8.6 \times 10^{-6}$ となる．

問題 12.1 数学の本では通常，$(\pi/L)x$ を X とおき，$(\pi/L)u$ を U とおいて，積分の上限を $-\pi$，下限を $+\pi$，前にかかる係数を $(1/\pi)$ としている記述が多い．本書では計算物理学としての実用性を考えて L を残しておいた．さて，これと次の問題 12.2 の解答例では，このような通常の数学の本とは少々異なる変数変換をしてみた．まず，奇関数である $g(x) = x$ の場合は

$$b_n = \frac{1}{L}\int_{-L}^{+L} u\sin\left(\frac{\pi n u}{L}\right) du = \frac{2}{L}\int_0^{+L} u\sin\left(\frac{\pi n u}{L}\right) du$$

を求める問題なので，$\pi n u/L = y$ とおいて，$u du = \{L/(\pi n)\}^2 y dy$ を用いて

$$b_n = \frac{2}{L}\left(\frac{L}{\pi n}\right)^2 \int_0^{\pi n} y\sin y\,dy = \frac{2}{L}\left(\frac{L}{\pi n}\right)^2 \Big[\sin y - y\cos y\Big]_0^{\pi n}$$
$$= \frac{2}{L}\left(\frac{L}{\pi n}\right)^2 (-\pi n\cos \pi n) = (-1)^{(n-1)}\frac{L}{\pi}\frac{2}{n}$$

を得る．これが各 $\sin(\pi nx/L)$ という展開関数につく係数である．

問題 12.2 これは $g(x) = |x|$ という偶関数型なので，展開係数として a_0, a_n を求める問題である．

$$a_0 = \frac{2}{L}\int_0^{+L} u\,du = \frac{2}{L}\left[\frac{u^2}{2}\right]_0^L = L$$

であり，

$$a_n = \frac{2}{L}\int_0^{+L} u\cos\left(\frac{\pi nu}{L}\right)du$$

を求める問題である．ここでも，$\pi nu/L = y$ とおいて，$udu = \{L/(\pi n)\}^2 y\,dy$ を用いて

$$a_n = \frac{2}{L}\left(\frac{L}{\pi n}\right)^2 \int_0^{\pi n} y\cos y\,dy = \frac{2}{L}\left(\frac{L}{\pi n}\right)^2 [\cos y + y\sin y]_0^{\pi n}$$
$$= \frac{2}{L}\left(\frac{L}{\pi n}\right)^2 (\cos \pi n - 1)$$

となる．これは n が偶数では 0 になり，n が奇数の場合は

$$a_n = \frac{L}{\pi}\frac{1}{\pi}\frac{-4}{n^2}$$

を得る．これが各 $\cos(\pi nx/L)$ という展開関数につく係数である．

問題 12.3 計算すべき式は

$$\int_{-\infty}^{+\infty} dt\,\exp(-\gamma^2 t^2 + 2\pi i f t)$$

である．ここで積分は実数値 γ について次の形をしている．

$$I = \int_{-\infty}^{+\infty} dt\,\exp(-\gamma^2 t^2 + bt) = \int_{-\infty}^{+\infty} dt\,\exp\left\{-\gamma^2\left(t^2 - \frac{b}{\gamma^2}t\right)\right\}$$
$$= \int_{-\infty}^{+\infty} dt\,\exp\left\{-\gamma^2\left(t - \frac{b}{2\gamma^2}\right)^2 + \frac{b^2}{4\gamma^2}\right\}$$

ここで，$t - (b/2\gamma^2) = u$ とおくと，

を得る. そこでここへ $b = 2\pi i f$ を代入すると, 求める式は,

$$\exp\left(-\frac{4\pi^2 f^2}{4\gamma^2}\right)\sqrt{\frac{\pi}{\gamma^2}} = \frac{\sqrt{\pi}}{|\gamma|}\exp\left(-\frac{\pi^2 f^2}{\gamma^2}\right)$$

になる.

問題 12.4 convolution のフーリエ変換は単なる積であることを示す問題である. $\psi(t)$ の被積分関数のなかの $g(t-\tau)$ をフーリエ変換形で表すと,

$$\int_{-\infty}^{+\infty}\int_{-\infty}^{+\infty} G(f)e^{-2\pi i f(t-\tau)}df \cdot h(\tau)d\tau$$

となる. ここで, f についての積分と t についての積分を入れ換えると

$$\int_{-\infty}^{+\infty}\int_{-\infty}^{+\infty} e^{+2\pi i f\tau}h(\tau)d\tau \cdot G(f)e^{-2\pi i f t}df$$

が得られる. これは $h(\tau)$ の τ についての積分の部分がフーリエ変換 $H(f)$ そのものになっているので,

$$\int_{-\infty}^{+\infty} G(f)H(f)e^{-2\pi i f t}df$$

が得られる. これは, $\psi(t)$ のフーリエ変換が $G(f)H(f)$ であることを示している. $\psi(\tau)$ のフーリエ変換を $\Psi(f)$ と書くと, $\Psi(f) = G(f)H(f)$ という比例関係を表している. 電磁気学の誘電体の分極において例を示そう. $h(\tau)$ はある昔の時刻 τ における電界であり, その結果できる現在の時刻 t における分極 $\psi(t)$ とは応答関数 $g(t-\tau)$ によって作られると解釈できる. この convolution のフーリエ変換をすると, それぞれ電界と分極のある振動数 f 成分を示し, それが応答関数 G のフーリエ変換を比例係数として比例関係にあることを示している. この応答関数のフーリエ変換のことを電気感受率 (通常 χ_e で表記する) という.

あ と が き

　計算物理学という言葉は新しいものであることをまえがきで述べたが，電子計算機は真空管を使った 1946 年のペンシルバニア大学の ENIAC（Electronic Numerical Integrator and Computer，電子式数値積分計算機）にはじまるとされ，すでに半世紀以上の歴史がある[*1]．

　電子計算機による計算は，人間の命令をすべて 2 進法計算に変換して処理される[*2]．そこで，「人間が」約束されている文法に従ってプログラムを作り計算機に手順を命令することで計算が行われるわけである．

　最近では，そのプログラムは，ライブラリーソフトとかアプリケーションソフトとかよばれる形で整備されるようになった．そのため従来に比較してプログラムを原始的な段階から，自作する必要は減っているともいえる．しかし，何の目的で，何をどこまで計算するかを決めることは，常に，大切で基本的な問題である．さらに，その計算によって得られた結果のなかにある物理学を見出し，概念を構築するという重要な検討過程において，計算の過程の深い洞察は欠かすことができないということを忘れてはならない．すなわち，我々がなすべきこと，留意すべきことは，計算の仕組みを正しく理解し，計算がどのようなプロセスを経ているかを知り，結果の信頼性はどの程度かを判断することである．物理学を用いる本来の行為，すなわち自然界のなかの法則性の発見，新概念の確立，新しい表現形式の提起という過程のなかで，計算機の利用は（きわめて有力であるが）1 つの手段であり，主人公は我々であることを自覚する必要があることはいうまでもない．

　本書では，このようなことに留意して，主として計算物理学の基礎的手法を

[*1] プログラム内蔵という意味での「自動計算機システム」の歴史はさらにさかのぼる．
[*2] ここでは，ノイマン型のものを考えている．

物理学との関連において解説してきた．本書で取り上げたアルゴリズムの多くは，現在ではすでにライブラリー化されているが，読者は数値結果だけを利用するユーザーに終始することなく，それに内包されている問題点にもぜひ目を向けてもらいたい．

本書は，基礎物理学シリーズのなかでの計算物理として，半期の講義にまとめられた．そのため，基本的なところに焦点を絞って，物理的な見方と数値計算との関連という視点から論じたので，大切な応用的な技法などについては省略せざるをえなかったものも多い．それを補うための勉強を進める場合に助けとなる文献を紹介しておこう．具体的な書名については参考文献のリストを参照していただきたい．文献を以下のように分類する．

① 数値解析の本
② 心構えの本
③ 実用的なプログラムが得られる本
④ 物理学全体との関連に重きをおいた本（本書もそれを意図した）
⑤ 数学アプリケーションソフトの紹介とそのリスト

さて ① については，数値計算の数理的・数学的基礎づけを意図したものとして [杉原正顕, 室田一雄 (1994)][23] をあげる．ただし，読みこなすには，数学的に高い水準が要求される．また，理工学の中の数値計算という視点から書かれた，[高橋大輔 (1996)][41]，本書よりさらに進んだ応用物理学的な立場の解説書として，[森 正武 (1984)][42] もあげておく．数学者の視座で書かれたものとして，[小川枝郎 (1985)][43]，[E. Kreyszig, 北川源四郎他訳 (1988)][44] もあげる．特に，後者は技術者のための高等数学として書かれたシリーズの『数値解析』の部分であり，全体をとおして工科系における数学とは何かに答えるものとなっている教育的意義のきわめて大きなものであるが，計算物理のテキストとしては物理学との関連性の議論がもうひとつ「靴の底から足を掻く」という感があるのは否めない．演習書としては，[戸川隼人 (1980)][20] が優れている．

次に ② については，異色ともいえる [伊理正夫, 藤野和建 (1985)][45] をあげておこう．bit 誌に連載されたものをまとめ直したもので，読み物としてもおもしろい．ロングセラーとなっているので，改訂版あるいは続編が望まれる．

③ については，英文の [W.H. Press, et al.(1992)][34] をあげる．これはプログラムが Fortran で書かれているが，この本の C 言語版を邦訳したものとして [舟慶勝市他訳 (1994)][35] をあげる．この本は数値計算の手引きとして完璧さを目指しており，もちろんその意図は成功しているといえる．しかしながら，量が多く，半期の講義でテキストとするには適当ではない．物理学研究において，具体的な数値計算の課題に直面したとき，必要に応じて，参照する本と考えたい．その意味で，本書でもおおいに参考にした．他に和書で，数学的説明とプログラムが有機的に結びつけられている名著として，[三井田惇郎，荒井秀一(1991)][46] をあげる．プログラムライブラリ EDPAC (教育用サブプログラムライブラリ) ソースリストが付録についているものとして，[林 英輔他 (1984)][47] がある．また，Fortran の演習書として書かれた，[洲之内治男他 (1979)][48] もロングセラーとして版を重ねている．また，[戸田英雄，小野令美 (1983)][49] の付録にも丁寧なプログラムリストがついている．Basic によるプログラムがついていて数学的側面を強調したものとして，[片桐重延他 (1995)][50] をあげておきたい．最近の本である，[小国 力 (1997)][51] には表題が示すように多種類の言語によるプログラムリストがついている．

④ については，本著の延長線としては [名取 亮 (1990)][52] をすすめたい．ただし，工学者の視点で書かれているので，計算物理のテキストには使いにくい面がある．なお本書の続編として『計算物理 II』が発刊予定である．微分方程式に限ると，[森本光生 (1987)][53] は読むべき本である．量子力学分野では [桜井提海 (1994)][54] が教育的である．いわゆるシミュレーション物理の解説書もここで紹介すべきであろう．本シリーズの範囲で十分読めるものとして，[矢部 孝他 (1989)][55] をすすめたい．載せてあるプログラム言語は N88-Basic(86) である．

⑤ については，代表的な数学アプリケーションソフト，Mathematica をあげる．特にグラフィック機能が優れている．たとえば，[Tom Wickham-Jones (1994)][56] の美しいカラーページに目を通されるだけでもこのソフトのすばらしさがわかるであろう．これは大変すばらしいソフトであるが，物理学としての標準アプリケーションソフトではない．これを足がかりに物理学のために「Physica」を作るという仕事が物理学研究者・教育者に課されている．それへのアプローチを試みた，[R.L. Zimmerman, F.I. Olness (1995)][57] がある．

以上の文献説明は，特に筆者（Y.N.）の個人的見解に基づくところが大きく，偏りがあることは了解していただきたい．さらに，ここ1,2年の間に，計算物理学関連の多くの書籍も出版されている．ここでは，著者が内容を吟味したもののみを紹介しているので，当然あるべき文献が漏れている可能性があることもお断りしておきたい．

本書を書くにあたり，朝倉書店企画部，編集部には大変お世話になりました．著者（Y.N.）は，8章「微分方程式の応用」において，塩水振動子について，非線形非平衡物理学の分野の第一人者である吉川研一氏にその文献からの引用の許可と貴重なご意見をいただき，また，桑原邦郎氏には脚注に実名をお出しする許可を快くいただきました．8章のペットボトル振動子については小平將裕氏にいろいろ教えていただきました．14章「多粒子運動系の動力学シミュレーション」の計算例については中尾憲司氏（筑波大学）から論文からの掲載許可をいただきました．また，10章「乱数の利用」の計算例は千葉大学自然科学研究科大学院生の菰田英明君によるものです．読み返して見ると，大学および大学院の時代に受けた教育に強い影響を受けていることに今さらながら気がつきます．特に，上村　洸氏，植村泰忠氏の高い見識に基づく熱意あふれるご指導，金沢秀夫氏の物理学の全体像（世界観）を把握させようとする視野の広いご指導，今井功氏，久保亮吾氏，高橋秀俊氏の個別の分野を越えて物理学（自然科学の数理表現）の本質に迫ろうとする名講義による影響はきわめて大きいものがあります．また，著作でしか存じ上げませんが，都築卓司氏，押田勇雄氏，高橋　康氏，藤村　靖氏，長沼伸一郎氏からも強い影響を受けています．本書の内容の全責任が著者にあることは当然ですが，これらの方々に，ここで厚くお礼申し上げます．

また，全体の校正は千葉大学理学部物理学科の土田倫生君に協力していただきました．

参考文献

1) 金原寿朗編,石黒浩三,金原寿朗,小谷正雄,原島 鮮,山内添彦:基礎物理学,上巻,下巻. 裳華房 (1963).
2) 都築卓司:理論物理学入門 I, II. 総合図書 (1966).
3) 押田勇雄:物理学の構成. 培風館 (1968).
4) 高橋秀俊,藤村 靖:高橋秀俊の物理学講義:物理学汎論. 丸善 (1990).
5) 伊庭敏昭:SI 単位早わかり. オーム社 (1998).
6) 高木貞治:解析概論. 岩波書店(改訂第 3 版)(1961).
7) R. Courant, D. Hilbert: *Methoden der Mathematischen Physik Zweiter Band*, Verlag von julius. Springer (1937);斉藤利弥監訳,銀林 浩,麻嶋格次郎訳:数理物理学の方法. 東京図書 (1961).
8) 森口繁一,宇田川久,一松 信:岩波数学公式 1, 2, 3. 岩波書店(1987 新装).
9) 大槻義彦,室谷義昭監訳:新数学公式集 I, II. 丸善 (1991, 1992).
10) 高橋利衞:基礎工学セミナー. 現代工学社 (1976).
11) 長沼伸一郎:物理数学の直観的方法. 通商産業研究社 (1988).
12) 高橋 康:物理数学ノート 1, 2. 講談社サイエンティフィク (1992, 1993).
13) 高橋秀俊:大学演習回路. 裳華房 (1957).
14) 高橋秀俊,藤村 靖:演習線形物理学. 共立出版 (1960).
15) 日野幹雄:スペクトル解析. 朝倉書店 (1977).
16) 齋藤正彦:線形代数入門. 東京大学出版会 (1966);佐武一郎:行列と行列式(第 13 版). 裳華房 (1966).
17) 一松 信:数値計算. 至文堂 (1966).
18) 深尾 毅,渡辺成良:数値計算法. 昭晃堂 (1982);戸川隼人:マトリックスの数値計算. オーム社 (1971).
19) 小林道正:*Mathematica* 微分方程式. 朝倉書店 (1998).
20) 戸川隼人:詳解数値計算演習. 共立出版 (1980).
21) 吉川研一:非線形科学,分子集合体のリズムとかたち. 学会出版センター (1992).
22) 量子力学のテキストを参照してほしい. たとえば
    S. Gasiorowicz: *Quantum Physics*. John Wiley & Sons (1974).
    古典的名著として
    L.I. Schiff: *Quantum Physics*. McGraw-Hill (1955).

23) 杉原正顕, 室田一雄：数値計算法の数理. 岩波書店 (1994).
24) 林　英輔, 安井　勝, 高橋　健：数値計算 (第2版). 森北出版 (1984).
25) F. Reif: *Fundamentals of Statistical and Thermal Physics*. McGraw-Hill (1965); 小林祐次, 中山壽夫訳：ライフ統計熱物理学の基礎. 吉岡書店 (1977).
26) K. Binder (ed.): *Monte Carlo Methods in Statistical Physics*. Springer-Verlag (1979).
27) N.C. バーフォード；酒井英行訳：実験精度と誤差. 丸善 (1997).
28) 中川　徹, 小柳義夫：最小二乗法による実験データ解析. 東京大学出版会 (1982).
29) 朝永振一郎：量子力学 I. みすず書房 (1952).
30) 信号解析の最近の進歩を紹介した本として
小林一郎, 斉藤良子：ウェーブレット. オーム社 (1996).
31) R.B. Blackman, J.W. Tukey: *The Measurement of Power Spectra*. Dover (1958).
32) 武者利光：数理科学, **188**, 32 (1979); 応用物理, **46**, 1144 (1977).
33) 高安秀樹：フラクタル. 朝倉書店 (1986).
34) W.H. Press, S.A. Teukolsky, W.A. Vetterling and B.P. Flannery: *Numerical Recipes in Fortran77, The Art of Scientific Computing* (2nd ed.). Cambridge University Press (1992).
言語は Fortran である. この本には C 言語版, Fortran90 版もある.
35) 上記の C 言語版を邦訳したもので,
舟慶勝市, 奥村晴彦, 佐藤俊朗, 小林　誠：ニューメリカルレシピ・イン・シー, C 言語による数値計算のレシピ. 技術評論社 (1994).
36) 森　正武：科学, **69**-9, 766 (1999).
37) 樋渡保秋：固体物理, **17**, 143 (1982); **17**, 197 (1982); **17**, 323 (1982).
38) わが国の研究者としてはたとえば
樋渡保秋：固体物理, **17**, 452 (1982).
39) B.J. Alder, T.E. Wainwright: *J. Chem. Phys.*, **27**, 1208 (1957).
40) H. Hiramoto, K. Nakao: *J. Phys. Soc. Jpn*, **56**, 217 (1987).
41) 高橋大輔：数値計算. 岩波書店 (1996).
42) 森　正武：数値解析法. 朝倉書店 (1984).
43) 小川枝郎：数値解析概論. 近代科学社 (1985).
44) E. Kreyszig: *Advanced Engineering Mathematics* (5th ed.). John Wiley & Sons (1983); 近藤次郎, 堀　素夫監訳, 北川源四郎, 阿部寛治, 田栗正章訳：技術者のための高等数学, 数値解析. 培風館 (1988).
45) 伊理正夫, 藤野和建：数値計算の常識. 共立出版 (1985).
46) 三井田惇郎, 荒井秀一：数値計算法. 森北出版 (1991).
47) 林　英輔, 安井　勝, 高橋　健：数値計算 (第2版). 森北出版 (1984).
48) 洲之内治男, 寺田文行, 四条忠雄：FORTRAN による演習数値計算. サイエンス社 (1979).
49) 戸田英雄, 小野令美：入門数値計算, チャートによる解説とプログラム. オーム社 (1983).
50) 片桐重延, 室岡和彦, 志賀清一：数値計算. 東京電機大学出版局 (1995).

51) 小国 力：Fortran95, C & Java による新数値計算法. サイエンス社 (1997).
52) 名取 亮：数値解析とその応用. コロナ社 (1990).
53) 森本光生：パソコンによる微分方程式. 朝倉書店 (1987).
54) 桜井提海：数値計算による量子力学. 裳華房 (1994).
55) 矢部 孝, 川田重夫, 福田昌宏：シミュレーション物理入門. 朝倉書店 (1989).
56) T. Wickham-Jones:*Mathematica Graphics, Technics and Applications*. Springer-Verlag (1994).
これには FD が付いている.
57) R.L. Zimmerman, F.I. Olness: *Mathematica for Physics*. Addison-Wesley (1995)；武藤 覚, 小泉 悟訳：物理学のための Mathematica. ピアソン・エデュケーション (1999).

索　引

FFT　109
IME 関数　81
Mathematica　139
MKSA 単位系　5
SI 単位系　5

ア　行

圧力損失　71
アプリケーションソフト　12, 17
アライアシング問題　106
アルゴリズム　13

一様乱数　88
伊理–森口–高沢の方法　79

打ち切り誤差　14

$1/f$ 雑音　107
$1/f$ 問題　107
エルゴード性　92
塩水振動子　69, 107
エントロピー　4

オイラー法　62
折り返し振動数　107
温度　86, 119
温度係数　97

カ　行

解析解　18, 75

ガウス–ザイデルの反復法　33
ガウス–ジョルダンの消去法　31
ガウスの消去法　28
ガウス分布　93
角振動数　36, 97, 104
確率モデル　85
仮数部　12
加速度　117
カットオフフィルター　107
カノニカル分布　87, 120
亀の子模様　121
緩和法　44

刻みのルール　78
刻み幅　76, 106
逆転状態　69
逆離散的フーリエ変換　105
強磁性相互作用　88
凝縮相　121
行列　36
行列式　26
極角　88
近似関数　95

グラファイト　121
クラメル公式　26
グリーン関数　82

経験　92
係数行列　25
桁落ち　13
決定論的モデル　85

減衰振動　97
減衰率　97

交換相互作用　88
構造相転移　122
高速フーリエ変換　109
剛体球　121
誤差　12
　——の爆発　67
固体液体相転移　123
固体物理学　103
固有運動　35
固有振動　35
固有値　35
固有値方程式　37
固有値問題　11, 37
固有ベクトル　37
固有モード　35

サ　行

最高振動数　67
最小2乗法　94
最適値　99
サイドバンド　107
最良推定値　93
差分方程式　116
散逸　120
三角関数　101
三角格子　88
残差の平方和　95
3重対角行列　38, 47
32ビット表示　13
サンプリング　91

次元　1
次元解析　6
次元式　2
自己触媒効果　70
指数関数　101
指数部　12
実対称行列　47

シミュレーション　85
周期関数　101
収束判定　20
縮退　46
シュレーディンガー方程式　45
消去法　27
初期条件　59
シンプソン法　77

酔歩の問題　85
数学アプリケーションソフト　139
数式処理　75
数値解　17
数値積分　75
数値的解法　60
スツルム関数列　48
スツルムの定理　48
スピン　88
スペクトル分析　108

正規方程式　96, 99
正則行列　38
静電単位　5
精度　11
精度限界　108
積分方程式　82
接線　22
　——の評価　24
線形現象　25
線形現象論　35
線形物理学　35
線形モデル　95

相関関数　125
相転移　121
疎行列　34
速度　117
束縛解　73

タ　行

対角化　38, 40

索引

対角行列　32, 39
対角要素　42
台形法　76
対称行列　38
多重積分　81
単精度変数　15

中間値の定理　20
中心極限定理　85
超格子構造　123
調和振動子　74, 103
直交　46
直交変換　40, 51

テイラー級数　117
テイラー展開　98
転移点　123
電磁単位　5

等エンタルピー集団系　120
等温等圧集団系　120
統計物理学　119
等分配の法則　119
動力学シミュレーション　116
特性方程式　37

ナ 行

2階常微分方程式　65
2重振子　35
2進数の表記　114
ニュートンの運動方程式　1, 116
ニュートン法　22

熱平均値　86
熱平衡分布　86
粘性率　6

ハ 行

倍精度変数　13, 16
ハウスホルダー法　49

挟み込み　18
波数　104
発散点　76
波動関数　45, 72
波動力学　35
ハミルトニアン　88
ばらつき　93
パラメータの初期値　97
反強磁性相互作用　88
判定条件　67
反復回数　20
反復法　33

微係数　17
　──の求め方　24
微小立体角　88
ヒストグラム　85
非線形パラメータ　97
非線形物理学　35
非対角要素　42
非調和型ポテンシャル　73
ビット数　12
非平衡　71
ピボット　29, 42
　──にした掃き出し　29
標準偏差　94

ファン・デル・ワールス気体　8
ファン・デル・ワールス状態方程式　8
物質凝縮系　86
物理学基礎実験　93
物理学モデル　76
物理的描像　92, 121
物理法則　1
物理学量　1
浮動小数点表示　12
フーリエ級数展開　101
フーリエ積分変換　102
分解能　107
分散　94

閉曲線　83

平均 2 乗誤差　94
平面波　104
変数変換公式　79
変数変換法　79
偏微分　95

ホイートストーンブリッジ　94
方位角　88
方程式の根　18

マ 行

マイクロメーター　93
摩擦　120
丸め誤差　12
　——の成長　62

ミクロカノニカル分布　118

無次元量　7

メトロポリス法　87

モデル　59
モンテカルロ法　83

ヤ 行

ヤコビ法　41

融解　123
有限区間効果問題　107
ゆらぎ　120

揺動散逸定理　120
揺動力　120
4 倍精度変数　13

ラ 行

ライブラリーソフト　12
ラグランジュ関数　35
ランジュバン方程式　120
乱数　83

離散的なデータ　105
離散的フーリエ変換　105
流体力学　6
量子力学　45, 72

ルンゲ–クッタ–ジル法　65
ルンゲ–クッタ法　62

レイノルズ数　7
連立方程式　25

ロジスティック方程式　67

著者紹介

夏 目 雄 平 (なつめ・ゆうへい)
千葉大学大学院自然科学研究科教授

小 川 建 吾 (おがわ・けんご)
千葉大学理学部物理学科教授

基礎物理学シリーズ 13
計 算 物 理 I   定価はカバーに表示

2002 年 3 月 15 日　初版第 1 刷
2016 年 5 月 25 日　　　第 9 刷

　　　　　　　　　　著　者　夏　目　雄　平
　　　　　　　　　　　　　　小　川　建　吾
　　　　　　　　　　発行者　朝　倉　誠　造
　　　　　　　　　　発行所　株式会社　朝　倉　書　店
　　　　　　　　　　　　　東京都新宿区新小川町 6-29
　　　　　　　　　　　　　郵 便 番 号 １６２-８７０７
　　　　　　　　　　　　　電　話 03(3260)0141
　　　　　　　　　　　　　Ｆ Ａ Ｘ 03(3260)0180
〈検印省略〉　　　　　　　　http://www.asakura.co.jp

©2002〈無断複写・転載を禁ず〉　　　　三美印刷・渡辺製本

ISBN 978-4-254-13713-2　C 3342　　Printed in Japan

JCOPY <(社)出版者著作権管理機構 委託出版物>

本書の無断複写は著作権法上での例外を除き禁じられています．複写される場合は，そのつど事前に，(社)出版者著作権管理機構（電話 03-3513-6969，FAX 03-3513-6979，e-mail: info@jcopy.or.jp）の許諾を得てください．

好評の事典・辞典・ハンドブック

物理データ事典	日本物理学会 編	B5判 600頁
現代物理学ハンドブック	鈴木増雄ほか 訳	A5判 448頁
物理学大事典	鈴木増雄ほか 編	B5判 896頁
統計物理学ハンドブック	鈴木増雄ほか 訳	A5判 608頁
素粒子物理学ハンドブック	山田作衛ほか 編	A5判 688頁
超伝導ハンドブック	福山秀敏ほか 編	A5判 328頁
化学測定の事典	梅澤喜夫 編	A5判 352頁
炭素の事典	伊与田正彦ほか 編	A5判 660頁
元素大百科事典	渡辺 正 監訳	B5判 712頁
ガラスの百科事典	作花済夫ほか 編	A5判 696頁
セラミックスの事典	山村 博ほか 監修	A5判 496頁
高分子分析ハンドブック	高分子分析研究懇談会 編	B5判 1268頁
エネルギーの事典	日本エネルギー学会 編	B5判 768頁
モータの事典	曽根 悟ほか 編	B5判 520頁
電子物性・材料の事典	森泉豊栄ほか 編	A5判 696頁
電子材料ハンドブック	木村忠正ほか 編	B5判 1012頁
計算力学ハンドブック	矢川元基ほか 編	B5判 680頁
コンクリート工学ハンドブック	小柳 洽ほか 編	B5判 1536頁
測量工学ハンドブック	村井俊治 編	B5判 544頁
建築設備ハンドブック	紀谷文樹ほか 編	B5判 948頁
建築大百科事典	長澤 泰ほか 編	B5判 720頁

価格・概要等は小社ホームページをご覧ください.